四维世界：从几何学到相对论

[美] 鲁道夫·拉克（Rudolf v. B. Rucker） 著

余应龙 译

上海科学技术出版社

图书在版编目（CIP）数据

四维世界 ：从几何学到相对论 / （美）鲁道夫·拉克（Rudolf Rucker）著 ；余应龙译. -- 上海 ：上海科学技术出版社，2023.7
（砺智石丛书）
书名原文：Geometry，Relativity and the Fourth Dimension
ISBN 978-7-5478-6232-2

Ⅰ. ①四… Ⅱ. ①鲁… ②余… Ⅲ. ①几何学 Ⅳ. ①O18

中国国家版本馆CIP数据核字(2023)第109666号

四维世界：从几何学到相对论
［美］鲁道夫·拉克(Rudolf v. B. Rucker)　著
余应龙　译

上海世纪出版(集团)有限公司
上 海 科 学 技 术 出 版 社 出版、发行
(上海市闵行区号景路159弄A座9F-10F)
邮政编码 201101　www.sstp.cn
江阴金马印刷有限公司印刷
开本 787×1092　1/16　印张 10
字数 110千字
2023年7月第1版　2023年7月第1次印刷
ISBN 978-7-5478-6232-2/O·118
定价：58.00元

前言

本书涉及的是第四维和我们的宇宙的构造。我的目标是呈现一个被我们称之为家的弯曲时空的直观图景。本书对各个主题有大量出色的介绍，但是并不预先把这些主题编织成一个持续的视觉描述。我寻找像这样的书已有好多年，但是一本也没有找到，于是我就写了这本书。

写这本书是希望任何有兴趣的人能够欣赏它。我只建议一般的读者不妨跳过一些也许是过分纯粹的数学章节。但是，本书并不仅仅是典型的普及读物，其中有大量的原始材料，甚至于经验丰富的数学家和物理学家也可找到一些预想不到的新奇之处。

我十分感谢在书目中提及的所有作者，特别是阿博特（E. Abbott）、爱丁顿（A. Eddington）、赖兴巴赫（H. Reichenbach）和惠勒（J. Wheeler）。

鲁道夫·拉克

纽约州立大学杰纳苏分校

1976年1月31日

目录

第一章

第四维

我们生活在三维空间中。也就是说，我们的空间中的运动恰好有 3 个自由度。换句话说，我们可以实施 3 种互相垂直的运动（左右，前后，上下），将这 3 种可能的运动相结合可以到达我们空间内的任意一点（例如，“向前走大约 200 步到河边，然后向右走大约 50 步直到一棵大橡树。向上爬 40 英尺到达树顶。我将在那里等你。”）。在通常情况下，我们要实施上下的运动是困难的；对于鸟类或鱼类来说，与我们人类相比那空间更是 3 个维度的了。另一方面，对于在双车道道路上行驶的汽车，空间实际上是一维的；对于在宽阔的空地上行驶的雪橇或汽车，空间实际上是二维的。

怎么可能存在一个与我们在三维空间中标出的每一个方向都垂直的第四维呢？为了对“第四维”是什么意思有一个更好的理解，考虑以下一系列过程。

我们取一个 0 维的点（图 1），将该点向右平移一个单位就得到一条1维的线段（图2），将这条线段向下平移一个单位（连接原线段和新线段的线段，这样就得到一个2维的正方形，图3），再将这个正方形向前平移出纸面一个单位得到一个3维的正方体（图4）。

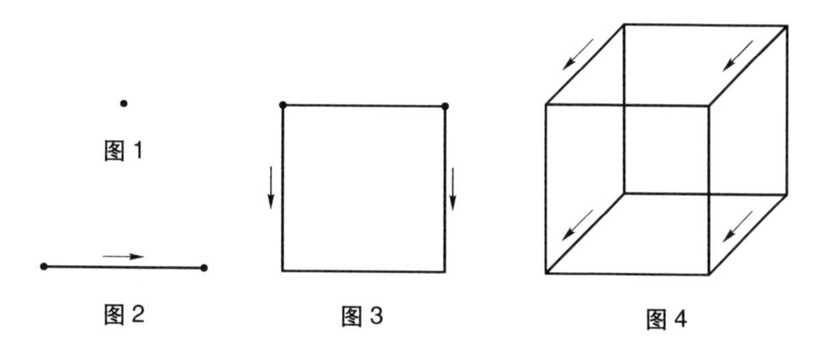

图1　图2　图3　图4

注意到实际上我们不能在这个2维的纸面上画一个3维的正方体。我们用与左右维和上下维都斜交的直线（不垂直）表示第三维。现在，我们对第四维还一无所知，难道我们就不能设法在纸面上用一个垂直于我们用来表示第三维的（对角线）方向表示第四维吗？

如果这样做的话，那么我们就能继续我们的过程，将该正方体在这个第四维的方向上平移一个单位得到一个4维的超立方体（图5）。

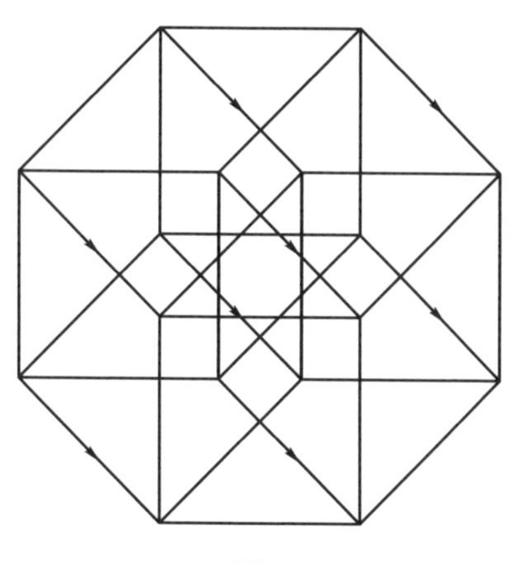

图5

这个4维的超立方体的设计取自布拉格登（C. Bragdon）在1913年所作的名为《更高维空间入门》（*A Primer of Higher Space*）的小册子。他是一位建筑师，曾把这一设计与另一些4维设计融入到罗切斯特商会大楼（Rochester Chamber of Commerce Building）这样的建筑物中。

类似地，考虑一系列各种维数的球也是可能的。由于一个球（不一定是3维的球）由球心和半径确定，因此球心为0、半径为1的球是到0的距离为1的一切点P的集合。这一定义与你的空间具有的维数无关。半径是1的0维球是不存在的，因为0维空间只有一点。在0的两侧半径是1的1维球由两点组成（图6）。

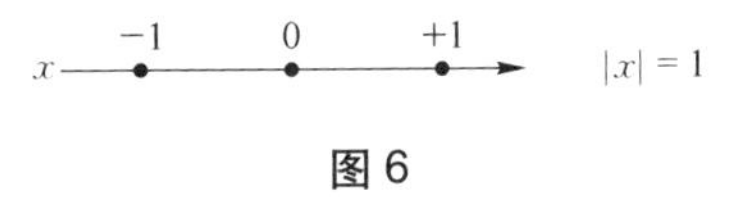

图6

一个半径是1的2维球可用xy-平面内的图形表示（图7）。

一个半径是1的3维球在xyz-坐标系内看上去就是图8。

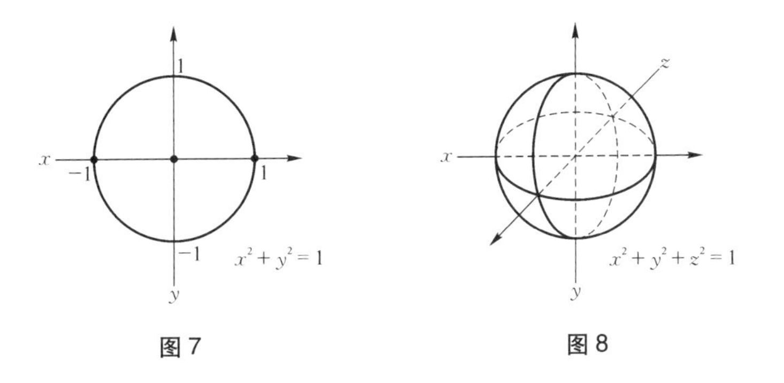

图7　　图8

虽然我们不能说我们对超球有多少完美的想象，可是用类比的方法，一个半径是1的4维球（超球）可以看作是$xyzt$-坐标系中使x^2 +

$y^2+z^2+t^2=1$ 的四元数组（x，y，z，t）的集合。有趣的是在数学分析中不需要图形，实际上只要用微积分的方法就可求出一个给定半径为 r 的 4 维超球的内部占多少 4 维空间。

半径为 r 的 1 维球内部的 1 维空间是长度 $2r$。

半径为 r 的 2 维球内部的 2 维空间是面积 πr^2。

半径为 r 的 3 维球内部的 3 维空间是体积 $\frac{4}{3}\pi r^3$。

半径为 r 的 4 维球内部的 4 维空间是超体积 $\frac{1}{2}\pi^2 r^4$。

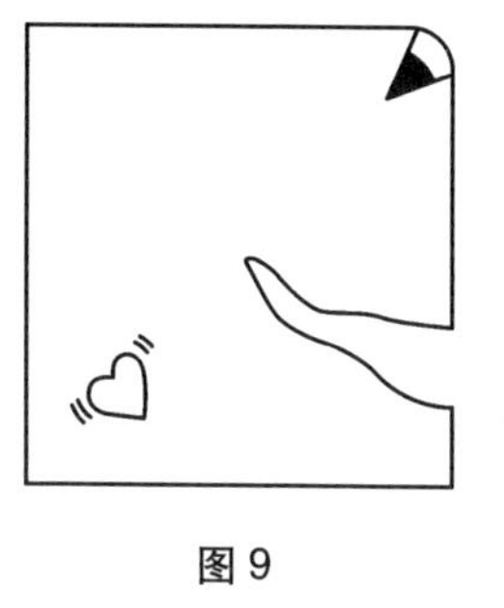

图 9

想象第四维的最有效方法之一是类比的方法。也就是说，为了试图想象 4 维物体可能如何出现在我们面前，考虑一个 2 维人想象 3 维物体可能会如何出现在他面前所进行的类似的尝试是很有帮助的。我们考虑的进行尝试的这个 2 维人的名字是 A.正方形（图 9），他生活在 2 维世界内。

A.正方形第一次出现在阿博特（E. A. Abbott）大约在 1884 年所写的名为《平面国》（*Flatland*）的书中。不清楚阿博特实际上是不是我们对于发展第四维的直觉的这一方法的原创者；柏拉图关于洞穴的寓言可以看作二维世界的概念的预示。

A.正方形能上下移动或左右移动或以这两类移动的组合运动，但是他不能越出纸面所在的平面运动。A.正方形除了自己熟悉的 2 维以外，对任何维的存在都一无所知，一天夜里，当 A.球显示出将 A.正方形转向第三维时，他感到困惑。

A.球要做的第一件事只是在右边穿过 A.正方形的研究的空间。当 A.球刚将其 3 维空间与 2 维的截面即 2 维世界接触时，A.正方形看到的是一点（图 10）。随着 A.球继续运动，这一点就放大为一个小圆（图 11）。随后圆越来越大（图 12）。然后越来越小（图 13）。最后缩成一点（图 14），消失了。

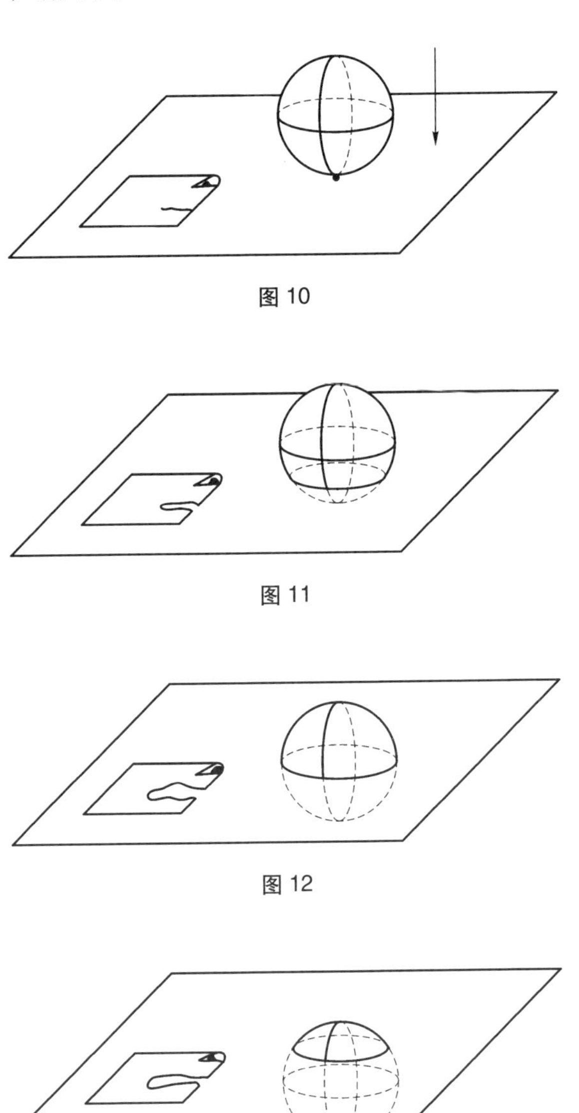

图 10

图 11

图 12

图 13

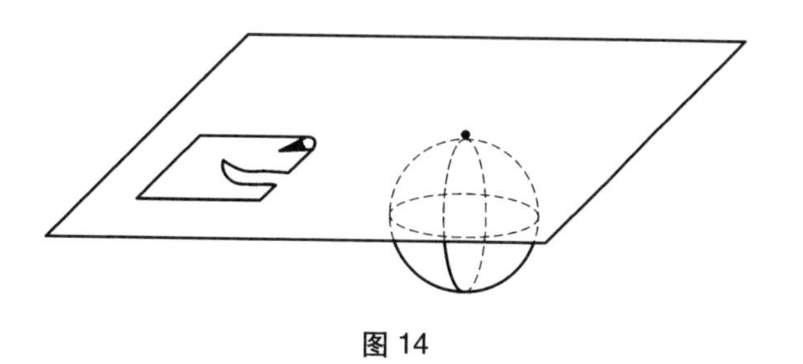

图 14

A.正方形对这一奇怪的灵异现象的解释是“它根本不是一个圆，而是某个极为机灵的幽灵”。当你听到关于幽灵这一说法时，你会说什么呢。“我是 A.超球。我将教你第四维，最后我将穿过你的空间。”如果当时你看到一个点出现，慢慢地放大成一个好大的球，然后收缩回一点，又狡狯地眨了一眼就消失。我们可以用上下两张连环画形式的图将 A.正方形的经历与你的经历进行比较（图 15）。

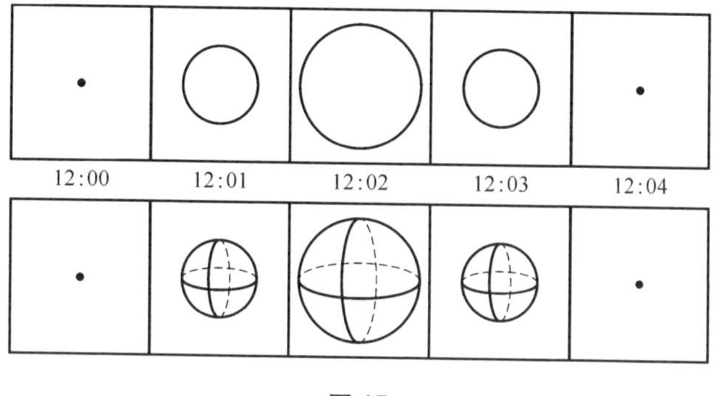

图 15

这两种经历之间的差别是我们可以容易看出如何将 3 维空间内的这些圆堆积成一个球，但是我们不清楚如何将这些球在 4 维空间内堆积成一个超球（图 16）。

但是，我们可以作出一些可能的假设。一个假设是这些球可以像珍珠那样排成一串，看上去像图 17 呈现的一个超球。

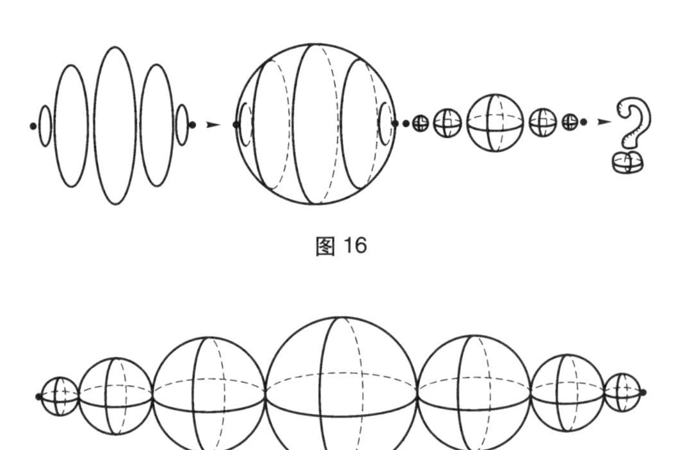

图 16

图 17

我们可以看出这一假设是愚蠢的，因为如果我们将这些圆排成图18那样的一直线，你将肯定得不到一个球。你得到的只是某种2维图形。类似地，把这些球像珍珠那样排成一行，这将只给你一个3维物体，而你寻找的是4维物体。另一个对这个珍珠串模式的反对意见是它不是连续的；也就是说，它是有限个，而不是无限个球组成的集合。最后一个反对意见是这“串”球在图中确定的半径并不科学。

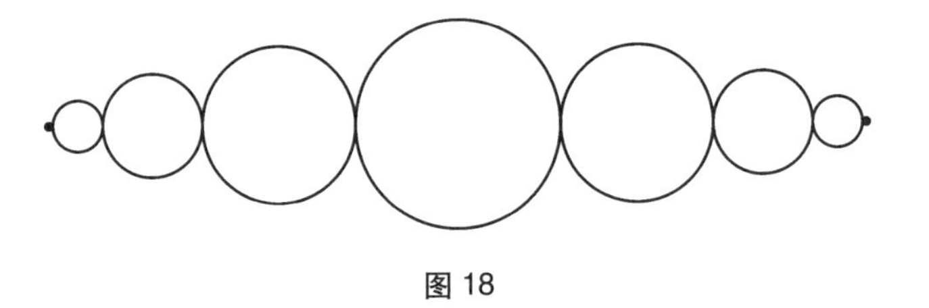

图 18

现在让我们进一步处理最后一个反对意见。这“串”球的长度应该等于最大的球的直径看来是合理的。这一想法是我们有一个球，沿着这个长度运动，开始时是一个点，然后膨胀到最大的球，最后缩回到一点。为了得到这张图，我们来谈一谈将一个3维球变为一个2维图形的说法。假定将一个 3 维球切成无穷多个圆。然后假想将每一个圆同时绕其竖直方向的直径旋转 90°。于是这个球将变为一个由无穷多个重叠的圆组成的 2 维图形。这一过程可与百叶窗的一串叶片从水平方向转到竖直方向的位置的情况相比较。形成的 2 维图如图 19。

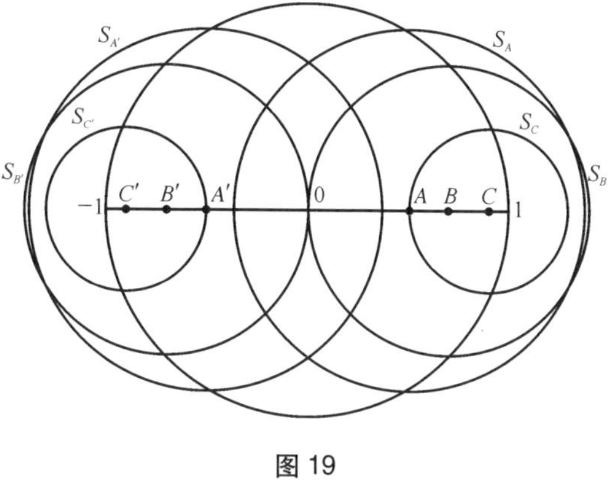

图 19

注意到这个 3 维球的“闭合的百叶窗”版本中的每一个分量圆的半径都等于其圆心和 S_0之间的竖直距离，这个圆的半径与 3 维球的那个半径相同（图 20）。

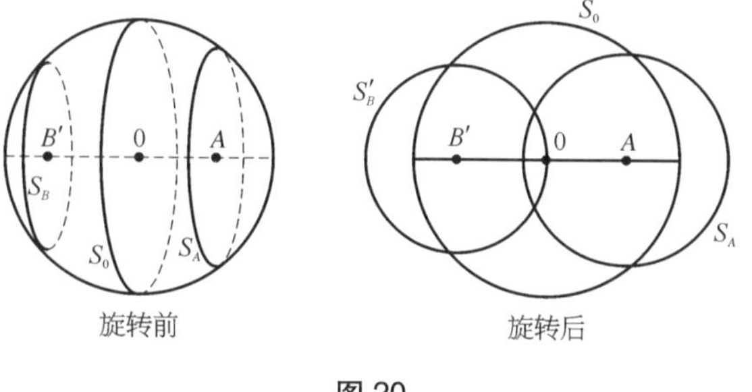

图 20

现在，如果你取图 19，并用一个球代替每一个圆，那么你就会得到一个由无穷多个空心的 3 维球组成的立体图形。回忆一下我们将 2 维图（由无穷多个圆组成的一个区域）转变为3维图的方法是将每一个分量圆绕着其竖直的轴旋转90°。所以看来将我们想象中的3维立体图转变为一个4维球的方法是将每一个分量球绕着与两极相交、且垂直于该纸面的平面旋转90°。如何将一个球绕着一个平面旋转呢？我们稍后会看到，如果我们能够通过第四维移动的话，那么这就不难了。如果你用这种方法旋转后一个球剩下的是什么呢？好，这个球的一半在我们的3维空间的“下方”进入部分4维空间，另一半在我们的3维空间的“上方”进入部分4维空间。我们的空间中还剩下什么呢？就是一个大圆，即位于我们所旋转的平面内的球的这部分。这与你将一个圆越出纸面在3维空间内旋转90°是极为类似的。在纸面上留下的只是这个圆的两个点，即1维圆。

所有这一切是需要实实在在地进行思考和消化的。经过不断阅读，在以后的一些篇幅中就会变得容易一些了。

现在暂且回到上面提到的一些想法，即我们的3维空间将4维空间分成两个不同的区域。

一条直线上的一个点将该直线一分为二。

一个平面内的一条直线将该平面一分为二。

一个3维空间内的一个平面将该3维空间一分为二。

一个4维超空间内的一个3维空间将该4维超空间一分为二。

人们习惯把地球看作是一个无限大的平面，将3维宇宙分成两半，上半部分是天堂，下半部分是地狱。如果我们假定我们所在的3维空间是平的（在后面一章中我们会明白这个意思的），然后设想天堂和地狱是被我们的3维空间分隔的4维超空间的两部分。任何从天堂飞出的天使在到达地狱之前必须经过我们的空间。

现在，如果一个超球已经被放在与我们的空间截得一个尽量大的3

维球的位置上，那么它将被分割成一个天堂超半球和一个地狱超半球。我们可以用这一想法得到一个想象中的超球的新方法。

如果你取一个正规的球，然后将北半球和南半球挤压到赤道平面，你就会得到一个圆盘，或者说一个有厚度的圆。类似地，我们可以设想将天堂和地狱这两个超半球挤压到超球的最大分量的球的空间得到一个实心的球。如果我们能够用某种方法将其内部向与我们的空间的各个方向都垂直的两个方向上拉，那么这个实心球就能转回为超球。你怎么能够做到这一点呢？好，你怎么把一个实心的圆拉成一个实心球呢？设想内部的一些同心圆交替属于北半球和南半球。你可以把这些同心圆按两个不同的方向互不穿过各自拉回（图 21）。所以为了恢复这个被挤压的实心球，我们也可把它的一些同心球分别拉回天堂和地狱区域。

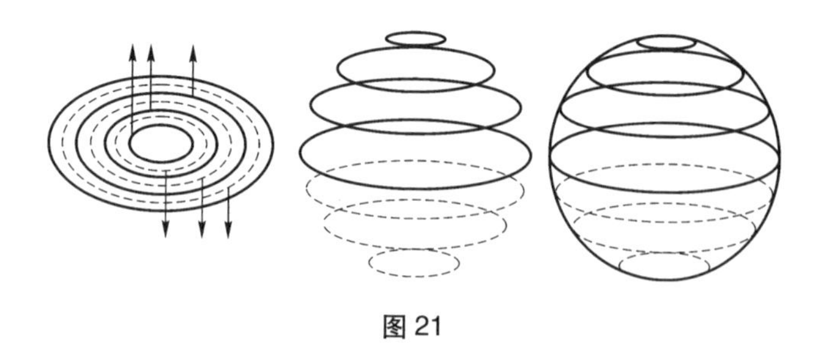

图 21

在这个关于超球的讨论中，我们勾画了关于第四维的一些新的想法：一个想法是你可以将一个 3 维物体绕一个平面旋转只留下这个物体在我们的空间中的一个截面。另一个想法是我们可以不穿越障碍而在第四维的方向上实施“通过障碍的移动”。为了搞清楚这些想法和另一些想法，让我们回到一个老好人 A.正方形。

在 A.球向 A.正方形展示自己以后，A.正方形还是不相信。所以 A.球又耍了一些花招。首先他把一个物体从 A.正方形的房间里的一个密封的柜子里取出，而不打开这个柜子，也不打破任何墙。这怎么可能呢？二维世界内的一个柜子就是一个封闭的2维图形，就像一个矩形（图22）。但是我们可以不打破这个厚厚的“墙”从第三维进去（图23）。

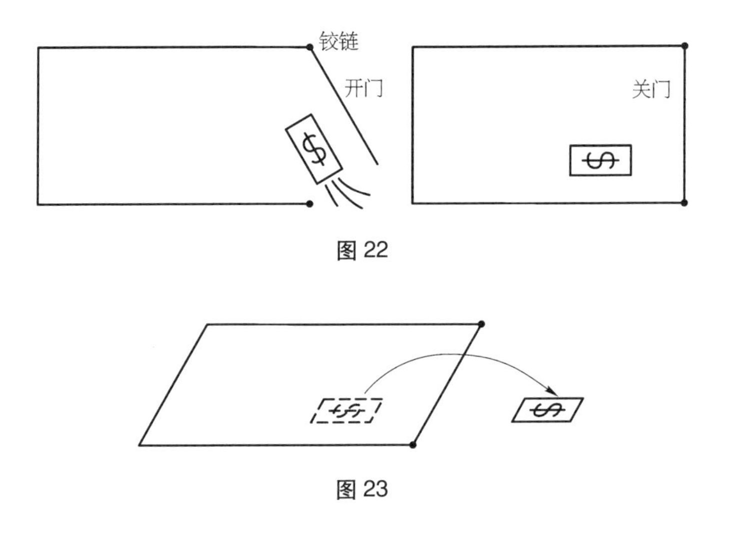

图22

图23

这就类似于一个4维生物，譬如说，应该能够不打破蛋壳从一个蛋中取出蛋黄，或者不打开保险箱，穿过保险箱的四壁从保险箱中取出钱，或者不穿过门、墙、地板或者天花板进入一个密封的房间出现在你面前。这一想法并不是4维生物为了穿过一个关上的门而实施了某种“非物质化”或者终止存在。你为了将手指放入一个正方形的内部，不必暂时终止你的手指的存在。这一想法是因为第四维垂直于我们的正常的3维空间的每个方向，我们周围没有能够阻止这一方向的墙。地球上的一切事物对4维的旁观者都是敞开的，甚至你的心脏的内部。

A.球能使A.正方形最终确信第三维的现实存在的唯一方法实际上是将他提升出二维世界，并向他显示三维中的运动是怎么样的。对我们来说，是否存在发生这种情况的任何希望呢？是否存在4维生物在实施一系列适当的动作后将我们带出禁锢我们的三维空间，向我们显示

“真实的东西”呢？1900 年左右巫师活动期间，好多人就是这样想的。这一想法认为精灵就是能够随意出现并且消失、看见任何东西等等的 4 维生物。一位相当受人尊敬的天文学家策尔纳（Zöllner）教授甚至写了一本名为《超越物理学》（*Transcendental Physics*）的书，他在书中描述了他参加的一系列降神会，力图证实“精灵”的确是 4 维生物。但是，看来他失望了，没有成功，他的书完全没人相信。一般说来，第四维的想法似乎使许多作者无节制地陷入了神秘主义之中，而不是引向视野清晰的数学探究。存在困难确实是事实，但这并不意味着必定会混沌不清。摆脱了神秘色彩的关于第四维的最佳书籍是由乌斯彭斯基（P. D. Ouspensky）所作的《第三工具》（*Tertium Organum*），他在名为《宇宙的新模式》（*A New Model of the Universe*）的书中关于第四维的一章也写得很好。

无论如何，在 A.正方形实施了他进入第三维的“旅程”后不久，阿博特的二维世界很快就结束了。二维世界居民们将他锁起来，把钥匙扔掉。能够将 A.正方形的余生真正载入史册已经是这位作者极大的幸运了。

A.正方形在监狱里待了十年左右，此时他的老朋友 A.球在可怜的正方形的小牢房里突然再一次转变为一个大小变化的圆。“小朋友，会发生什么呢?”

“啊，尊敬的 A.球先生，假如我从未见到过您，那会怎么样呢？假如我变成一个小小的棱角以至于得不到您的信息，那会怎么样呢?”

“小家伙，你还没有见到什么东西吗！你要我把你从这个监狱里提出来，再把你放回你老婆的卧室吗？虽然我应该对你说，还有一头骡子在你的栅栏——一个大的等腰锐角三角形里转悠呢。”

“A.球先生，A.球先生，只要他们相信我就好了！让我出去没用。

他们又会把我锁起来，也许会把我送上断头台的。不，我知道你要回去的，我有一个办法。把我转个身。转个身，我的身体将会证明第二维是存在的。”

于是A.正方形解释了他的想法。他一直在更为详尽地思考一维世界（lineland）和其他一些事情。一维世界是好多年前A.正方形曾经在梦里见到的一个世界。一维世界由一条长长的直线组成，一维世界上许多线段（一维世界居民），两端都有感觉器官，它们在直线上前后滑动（图24）。

图24

A.正方形像我们看待二维世界那样看待一维世界。他难以想象第三维，正如一维世界居民难以想象第二维一样。A.正方形在监狱里为第三维这个颠覆性的学说布了道，关注A.球在二维世界中已创建的某种永久性的改变将证明第三维的现实存在是可以理解的（这里要注意的是策尔纳教授也关心着要使幽灵有一些作为，提供一个他们的第四维是持久而相容的证明。他的想法不错。他有两个木制的环，经仔细检查确认这两个木环没有割开过。这一想法是在第四维中自由运动的那些幽灵能够不打碎、也不切割其中的一个木环而将这两个木环串起来。为了确保这两个木环在串起来后没有割痕，这两个木环是用不同的木材制成的，一个是桤木，另一个是橡木。策尔纳教授将这两个木环带去参加一个降神会，请幽灵将这两个木环串起来，但遗憾的是他们没有成功）。

A.正方形在小牢房里沉思着，如果他能回到一维世界，就能在那儿创建那种永久性的改变。当然，他能够取走一条线段，但这可能只被称为是一种神秘的消失。他回想起每一个一维世界居民的每一端都有一个声音，左边是低音，右边是高音。如果他转个身，声音也将转变，每个居民都会在一维世界中观察到这一点（图 25）。再说，如果他能够将一条线段绕着一点旋转，那么难道 A.球就不能将一个正方形绕着一条直线旋转吗（图 26）？二维世界的每一个居民将能够说话，因为每一个居民是这样构造的：眼睛向北，嘴巴向东。A.球能将 A.正方形转为他本身的镜像（图 27）！

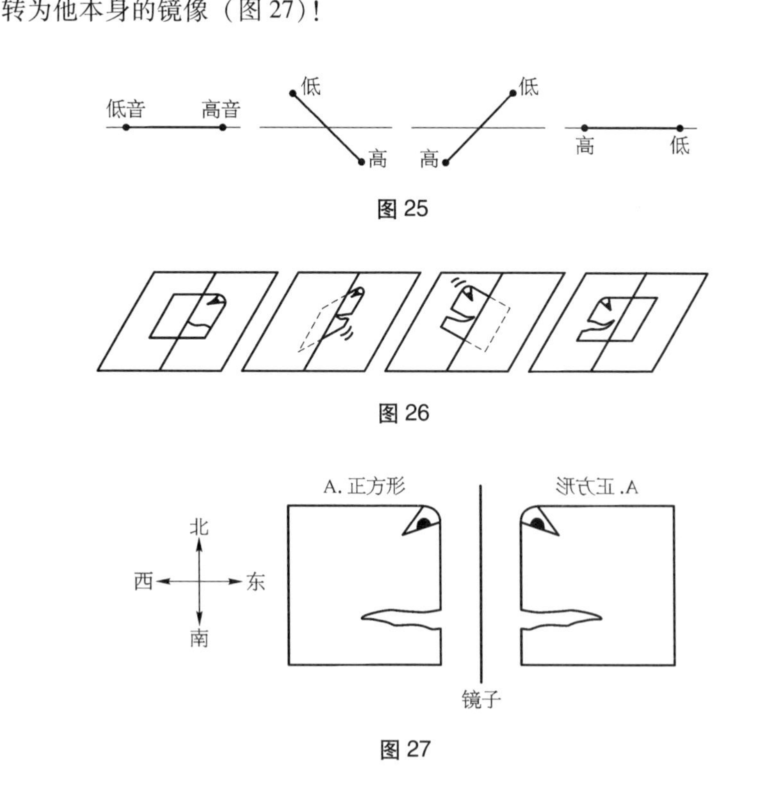

图 25

图 26

图 27

说着，说着，不一会就完成了。A.正方形（或者，宁可说是 A.正方形）向卫兵嚷道："瞧，你这个傻瓜，我已经在第三维中转了个圈，我成了本人的镜像。哈哈，哈哈！让主教瞧瞧我吧！他们会相信的，必定相信！"

嘿，二维世界的居民们被深深打动了，以至于他们决定处死 A.正方形。

在继续讲述这个毛骨悚然的故事之前，我们来考虑一下我们的类似的情况。4 维生物将我们在 4 维空间中绕着切割我们身体的一个平面旋转，把我们变为自己的镜像——譬如说，这个平面包括你的鼻尖，你的肚脐眼，你的脊椎。像这样的旋转你的感觉会如何呢？我该如何知道呢？尽管如此，我可以告诉你一些事。有一件事是相当尴尬的事实，当旋转完成了一半，你们大家都将还留在我们的 3 维空间中的时候，绕着这个发生旋转的平面会怎么样呢。也就是说，你看上去将只是一个人的竖直的一个截面——因为如果你回顾一下 A.正方形旋转的图片，你就能够看到在两张图的中间一个二维世界居民看到自己是他的身体的一个截线。如果这个 A.球在中途停下来，把 A.正方形穿过二维世界所在的平面拉上拉下，那么卫兵将早就被作为 A.正方形的身体的所有截线的见证人。对你来说，情况也是这样。

实际上存在一个如何将 3 维物体通过 4 维空间旋转的可能出现的模式。考虑从纸张的背面看你的 A.正方体的图，如图 28。他的右眼是三角形的，但左眼是圆形的。假定这张纸是一个镜面。在这种情况下，A.正方体的镜像将在背着你的那张纸的这一面（图 29）。注意到在 3 维空间中你无法移动 A.正方体，将他转变为他的镜像，即使你走到镜子背后你也不能把自己转变为镜像。你的心脏永远在左边，你的镜像的心脏永远在右边。但是如果我们看这张图（图 30），那么 A.正方体和 A.正方体的镜像看来是换了个位。如果不画眼睛（图 4），那么这个图就称为内克尔（Necker）正方体。如果你看一会内克尔正方体，不由自主地转为看它的镜像，再转回来。如果你注视这张图这样“做”足够频繁，那么从一种状态转为另一种状态的闪动，就仿佛是一个连续的运动。但是如果这个运动是在 4 维空间的一个旋转，那么这个运动只能是连续的。所以，也许我们真的能够在脑子里产生一个4维现象！多布斯（H. A. C. Dobbs）在弗拉泽（Fraser）的书中有一篇论文，在这篇论文中，他提出了一个论点，并得出结论说我们的感知是4维的，一种3个空间维和一个“想象的时间”维。

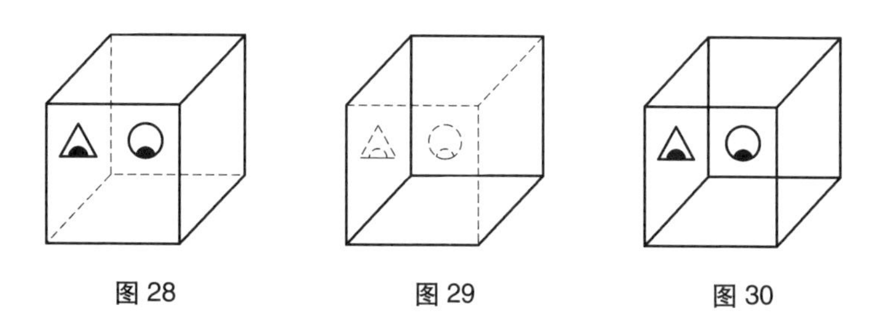

图28　图29　图30

现在让我们回到这位可怜的老A.正方形吧。他的伙伴们总称他是一个“使众神惊恐的东西”，他们在准备将他送上断头台。我们的3维断头台的功能是将一个平面插入受刑人身体的两个部分之间。二维世界的断头台的功能是将受刑的这个多边形身体的两部分之间插入一条线段（图31）。有相同之处也有差别。

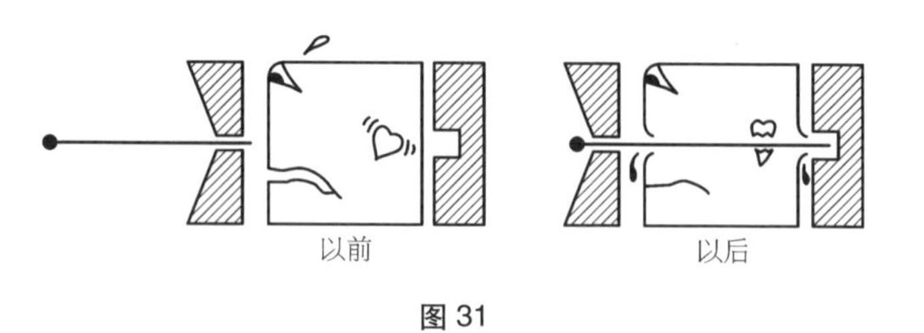

图31

A.正方形大汗淋漓。他十分担心自己已经没有时间欣赏自己的镜像——倒写之类的东西。他多次向A.球喊叫求救，好多次，但他只是静止不动。

最后，在一个灰暗的黎明，A.正方形被带到放置断头台的“刑场”。他见到许多老朋友，但是谁也没有瞧他一眼。宣读了他的死刑判决后，两个锐角等腰三角形开始拽着他向这个可怕的刑具走去。然后，然后，然后……

第一章的问题

（1）填写此表

	顶点个数	棱的个数	面的个数	体的个数
点	1	—	—	—
线段	2	1	—	—
正方形	4	4	1	—
正方体				
超正方体				
超超正方体				

（2）画出形成图 5 中的超正方体的 8 个立体的 8 个正方体。复制这个图的几个副本要比画本书中的几个正方形好。复制这张图的一个简单的方法是先作一个正八边形，然后在这个正八边形每一条边的内部各画一个正方形。

（3）在每条棱的长是 2 英尺的超正方体内的超体积是多少个超立方英尺？

（4）半径为 r 的超球的超体积公式由定积分 $\int_{-r}^{r}\frac{4}{3}\pi\left(\sqrt{r^2-x^2}\right)^3\mathrm{d}x$ 确定。这一积分从何而来？（提示：将这一积分与给出半径为 r 的球的

体积的积分 $\int_{-r}^{r}\pi\left(\sqrt{r^{2}-x^{2}}\right)^{2}\mathrm{d}x$ 相比较。）

（5）假定我们的空间中的每一个物体在第四维方向上都是 1 英寸厚。我们会怎么看待我们身体的尺度的这个 4 维分量（提示：如果二维世界的每一件东西在第三维方向上是 1 英寸厚，那么 A.正方形会怎么看待。）

（6）策尔纳教授还企图实施另一个实验来表明“幽灵”在一个 4 维空间中不仅自身能自由移动，且能搬动我们的空间中的物体。策尔纳教授所做的是在桌上放一个蜗牛壳，并要“幽灵”将其转变为其镜像。一个蜗牛壳在哪方面区别于其镜像？

（7）外部世界在我们的视网膜上的像实际上是 2 维的。怎样的直观经验使我们相信我们见到的世界实际上是 3 维的？你如何看待 A.正方形将 1 维的视网膜上的像处置为 2 维世界的一个想象的像的？

（8）如果你将一只手的 5 个手指穿过二维世界，那么 A.正方形会看到你是 5 个形状不规则的物体。如果 4 维生物将其一只“手”的“手指”穿过我们的空间，你将会看到什么？

（9）立体派画家的部分目标是将一个物体的所有不同可能的角度合成一幅画。从不在我们的 3 维空间内的一点拍摄的一个物体的相片将会在多大程度上完成这一目标？

（10）神秘主义者经常坚持说我们的意识可能是高维的。如果我们把 A.正方形正常的 2 维思想看作为他头脑内的 2 维空间上的网络状的模式，那么我们怎么能表示他的“高维”思想呢？他与他的二维世界空间的伙伴们交流这些思想为什么会困难？

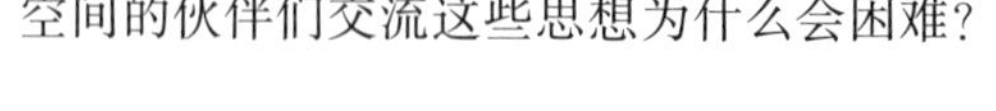

第二章

非欧几何

现在 A.球来了。刽子手开始推动断头台的“铡刀”。A.球把自己紧扣在 A.正方形和“铡刀”之间的一个点上，然后开始往上拉。他开始延伸平地（即二维世界）的空间，不断延伸直至 A.正方形和“铡刀”之间的小小的空间变得越来越大以至于能顶住整个“铡刀”（图 32）。

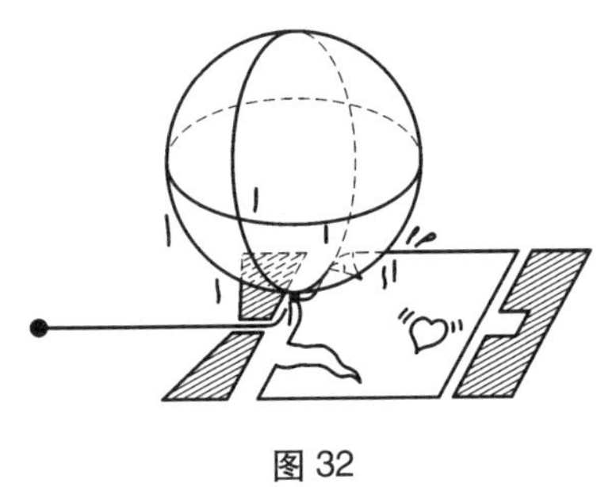

图 32

这一想法是我们假想平地的空间是一种有弹性的胶片，受到第三维的方向的外力后会变形。

A.球拉起 A.正方形和断头台的“铡刀”之间的一个点是如何使空间变得更空的呢？下面考虑在拉起平地空间的某个特定的点的效果（图 33）。

我们可以看到，如果你在 A，B 两点之间取一点 X，当你将 X 向上

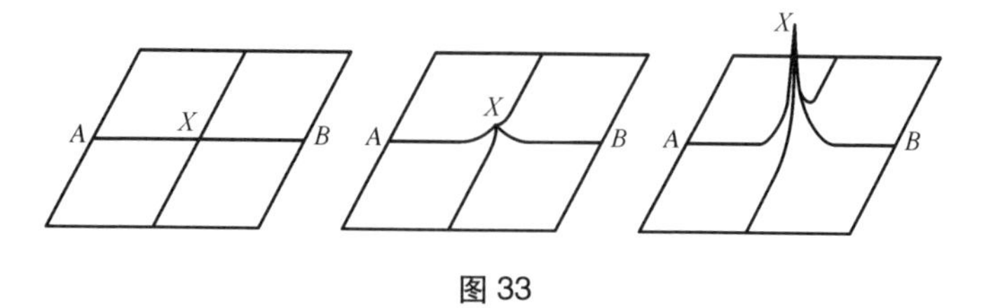

图 33

拉时，A，B 之间的距离要多大就多大。特别是 A.球将“铡刀”的尖端与 A.正方形之间的一点向上拉时，就能使 A.正方形与刀刃之间的距离大于“铡刀”的长。

平地居民十分激动，如果你看到一个被架在断头台上幸存的人——他之所以能幸存是因为铡刀离那人的头颈还差最后一英寸，你不会激动吗？在 A.球掏出神职人员的心脏以后，平地的居民变得疯狂起来。“放了 A.正方形吧，我们都要被杀死的！”他们大声叫喊着，于是放过了那个 A.正方形，一位曾经受到谴责的多边形，成为 U 型平地的首席研究人员。

A.正方形对所遇到的弯曲空间迷惑不解。他总认为空间是平的，从未想到过空间可以是任何形状的。为了免于我们嘲笑这个可怜的低维生物的难处，现在我们还不知道我们的 3 维空间是否可能以任何方式“弯曲”。我们指的是一个 2 维空间是一个平面，但是一个弯曲的 3 维空间这一想法是如此怪异以至于我们尚未有一个词语表达“不弯曲的 3 维空间”的概念。数学家有时称一个不弯曲的 3 维空间为一个 3E（类似地，他们称一个平面为一个 2E，一条直线为一个 1E）。字母 E 表示欧几里得（Euclid），他首先以一种容易理解的方式描绘平直的空间性质。

让我们大家（你，我和 A.正方形）来看一看欧几里得对平直的空间必须说什么。欧几里得体系基本上是由 5 条公设和从这些公设推出的许多命题的证明组成。这 5 条公设由关于点和直线在空间中的行为方式的某些假定组成。这取决于我们要确定这些假定在我们生活的空间中是否成立。取决于 A.正方形要确定这些假定在 2 维平地是否成立。事实证明，问欧几里得的公设在一个空间内是否成立就是要问那个空间是“平的”或者说是不弯曲的——不管这可能意味着什么。

欧几里得的公设是什么呢?

第一公设：

恰存在一条连接任何两个不同的点的直线（图 34）。“存在有一条”我们的理解是“至少有一条且不多于一条”。我们理解的“直线”是什么意思呢？实际上，我们对我们的空间中的直线是什么有一个很好的概念：两点之间的最短路径。但是，为了从尽可能少的假定出发，我们对于直线是什么不作任何最初的假定。我们假定直线仅有的一些性质将是可以从我们认可的公设证明的。

第二公设：

每一条直线都能无限延长（图 35）。这必须与我们感到空间没有边界有关。你永远不会到达一条给定的直线不能继续延长的那一点之外。

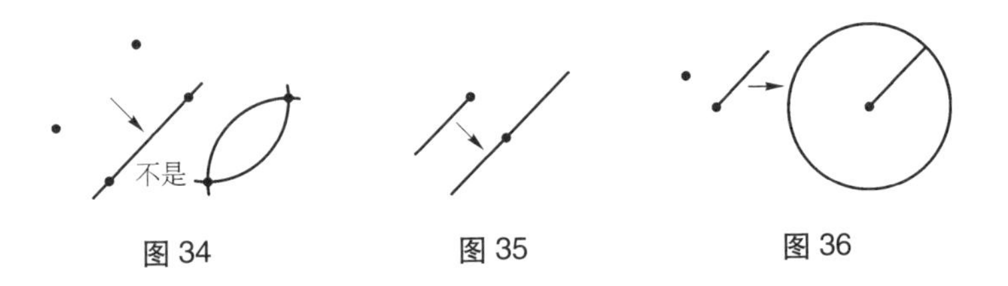

图 34　图 35　图 36

第三公设：

以任何给定的中心和半径画一个圆是可能的（图 36）。从表面上看，这个公设似乎不是关于点和直线的。这里的“圆”应该意味着什么呢？我们不能比欧几里得定义得更好。欧几里得的定义是：“一个圆是由一条线围成的平面图形，使得从一点出发落到这个图形上的所有的直线在该图形内部的那些部分都相等。这个点称为这个圆的圆心。”

画圆与空间性质有关的技能是什么呢？也许我们可能倾向于认为画圆的技能取决于一个圆规，而不取决于空间关于直线和点的某些基本性质！但是圆规合适的作用这一事实难道与空间没有什么关系吗？你怎么知道圆规画的是圆——也就是说，当你将圆规绕着固定的点转动时，你怎么知道圆规画出的是一个圆——也就是说，你怎么知道当你将圆规绕固定的点转动时，固定点与动点之间的间隔保持不变呢？这一想法似乎就是我们在空间将一个物体移动时，该物体（或者假定为一条线段）是不改变大小的。于是，第三公设所说的部分是空间中的距离是以这样的方式定义的：我们在把一条线段从一处移动到另一处时，这条线段的长是不变的。

第四公设：

所有的直角都彼此相等（图 37）。在我们定义了直角之前，这一公设的内容是不明确的："如果一条直线放在另一条直线上形成的两个邻角相等，那么每个相等的角都是直角。"这一公设似乎等价于这一假设：我们称之为"直线"的东西是没有任何角的。表示这一意思的另一种方法是第四公设是说空间是"局部平的"，也就是说，空间的一个充分小的区域没有任何曲率。

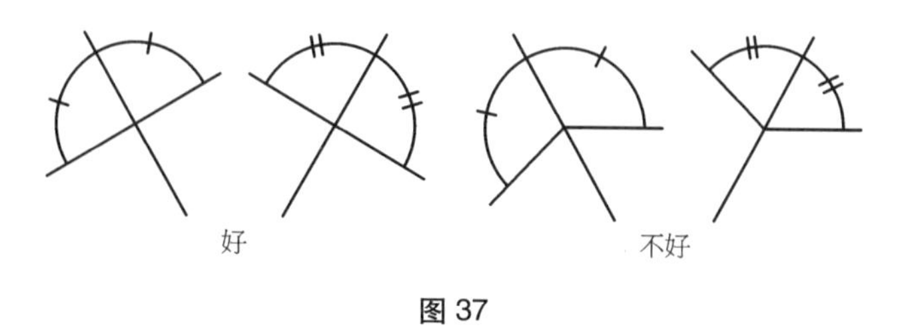

图 37

第五公设：

给定一条直线 m 和不在 m 上的一点 P，恰存在一条直线 n 经过点

P，且平行于 m（图 38）。这里可以理解为：说两条直线平行指的是它们不相交。有两种不同的说法使第五公设不能成立。过点 P，可能没有平行于 m 的直线，或者过点 P，可能有不止一条平行于 m 的直线。如果我们选取图 38 的右边那类“直线”，那么这两种不同的情况原来都是可能的。

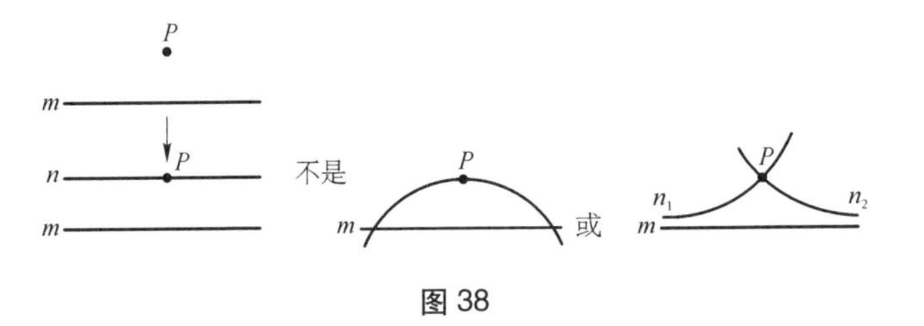

图 38

一般地说，对于我们的空间，我们接受欧几里得的前四条公设。给出两个相近的点，从一点到另一点存在一条最短的路径，这是肯定的。看来空间不存在边界，这是肯定的。当我们将一物体移东移西时，物体看来不会膨胀或缩小，这是肯定的。我们的“直线”上没有角，这是肯定的。但是根据经验，第五公设就不那么容易被人们所接受。开始时看上去甚至是平行的直线，随着远离我们难道就不会慢慢地越来越靠近吗？或者相反，开始时看上去要相交的直线，随着向无穷远延长难道就不会渐渐地彼此弯离，或许彼此成为渐近线，而实际上永不相交吗？

许多世纪以来，人们相信第五公设在我们的空间里不成立是不可能的。人们持有这样的信念有两种原因。第一个原因是上帝是不会糟蹋自己构造的世界的。这一想法是，空间几乎是一个神圣的、永恒存在的绝对形式。就这点而论，肯定不会期望容忍这类邪恶的要违背第五公设的直线收敛和发散的集合。给出空间是平的第二个原因实质上是德国哲学家康德（I. Kant）提出的。在这种权威的神学立场体现在首次对第五公设的辩论的时代里，康德的说法是缺乏根据的。他对第五公设的真实性的论点是，空间是人们自身头脑的极大创造，非欧空间是我们不能设想的，因此空间是欧几里得空间（即满足第五公设）。认为空间是人们自身头脑的创造这一论点十分有趣；这一想法是我们既不能看到，也不能想象到的不位于空间的任何事物。用康德的话来说，“空间是我们的感知不可避免的一种形态。”空间也许没有任何“真实的”存在，但是若不使用形成的空间框架，我们就无法调整我们的感官知觉。说得虽好，但是为何我们不能想象非欧空间呢？康德认为我们不能这样想象是因为当他写这些话的时候（约 1780 年）还没有人有这样的想法。所以他得出结论说我们的空间必定满足第五公设，因为其他的空间是不能想象的。

但是，康德错了。我们可以想象非欧空间。让我们从没有平行线的空间出发。为方便起见，从 2 维空间开始，暂不涉及 3 维空间；也就是说，让我们来描绘平地的版本，在那里每两条直线都在某处相交。

这一想法是让平地构成一个大球的表面（图 39）。A.正方形和他的伙伴们被弯曲了，贴着球面。他们可以在球面上随心所欲地滑动，我们可以想象他们甚至还没有注意到他们的空间并不是他们想象中的那样可无限伸展。我们推迟一下他们的重大发现，其中有些是错误的，让我们来看看第五公设在一个球面的（不是平的）2 维空间内是否成立。

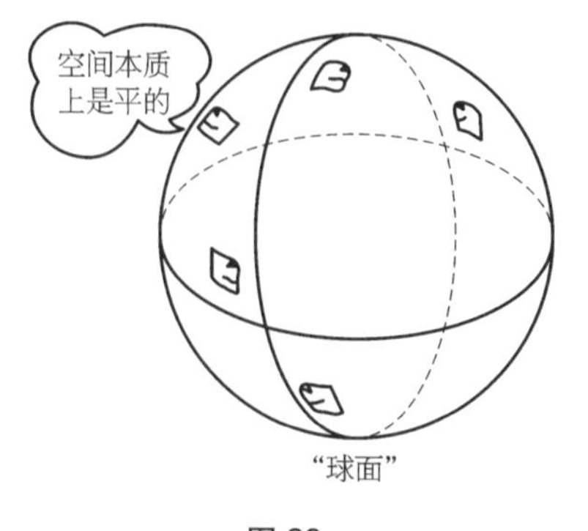

图 39

不，不成立。为什么不成立呢？首先，在球面上的“直线”究竟意味着什么？显然，球面上包含的任何线都受制于球面的弯曲，不能是“真正的”直线，我们也不允许在球面下打出隧道形成像球的直径那样的直线（因为这样的直线并不在球面上；至于涉及A.正方形，球面内外的空间都是不存在的）。现在，你在一个球面上可以画的哪一条直线是最直的？也就是说，如果A.正方形和他的朋友列文切普博士取一条细绳，然后拉紧，那么细绳位于什么样的线上？看一看球形的世界地图。地球上经线和赤道看上去是直的，但是纬线看上去是弯的。你绝不可能在球面上画一条比球面上的赤道还要直的线。

在球面上我们称之为“直”的线就是所谓的大圆：“大”是因为你绝不可能在球面上画一个更大的大圆（图40）。赤道向北或向南滑动时就会收缩。球面上的一个大圆的半径与球的半径相同，你不可能否认这一点。如果A.正方形沿着一个大圆移动，他并不感到向左弯曲或者向右弯曲。他确确实实是弯曲的，但是只是在第三维的方向上，也就是说，在与他的空间的两个维都垂直的方向上是弯曲的。

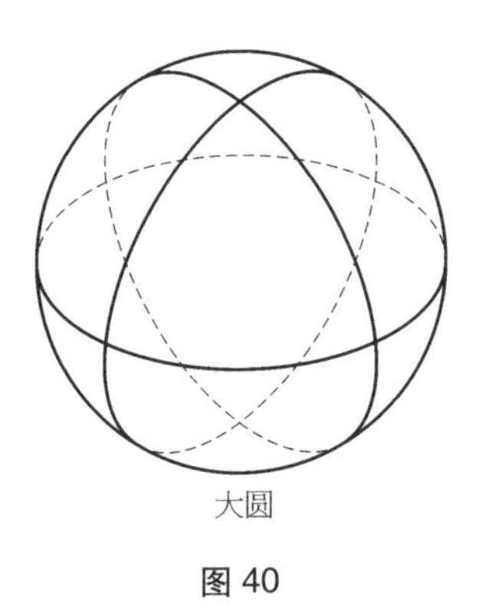

图 40

现在，这一切的要点是要得到一个第五公设不成立的空间。当你把大圆当作“直线”时，因为每两个大圆都是相交的，所以第五公设在球面上是不成立的。譬如说，你取一个大圆 m 和不在 m 上的一点 P，试图找一个经过点 P 且与 m 不相交的大圆（即平行于 m）。这做不到！

一个球面上的几何中的另一个不常见的方面是第一公设在那里也不成立。例如，你取北极和南极，那么存在无穷多个连接这两点的大圆，

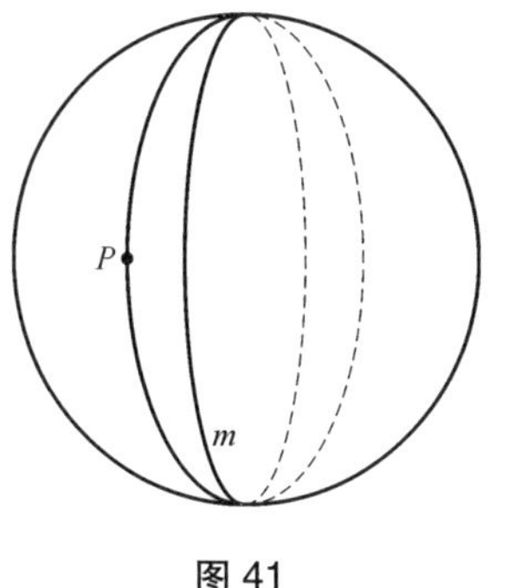

图 41

并不是只有一个大圆（图 41）。（不放弃第一公设就可能没有平行线——见问题 3。）

注意到如果我们取一个弯曲的空间，并设定我们的“直线”就是被称为该曲面的测地线的线，那么就得到了一个“没有平行公设”的模式。曲面上的测地线就是尽可能直的线，如果你把一条细线放在曲面上拉紧（不能离开曲面），那你就得到了这样的线。大圆就是球面上的测地线。如果我们不取一个弯曲的空间和直的“直线”，而取一个平的空间和弯曲的“直线”，那么情况将会怎么样呢？

换言之，现在我们想做的是在这个规则的平面内寻找一组曲线，使得如果我们假设这些线都是“直的”出发，那么我们将得到一些像具有大圆的球面那样的东西。没问题。这就是你做的。

取一个平面，再加一个无穷远点。想法是如果你沿着任意一个方向一直走，那么你最终就会到达无穷远点。现在，你在平面内画一个好大的圆，并称这个圆为基本圆。你就会声称这个基本圆是一条“直线”。还有什么也将是一条“直线”呢？首先就是经过基本圆的圆心的任意直线。注意到这些直线中的任意两条都相交于两点，一点是基本圆的圆心，一点是无穷远点。因为我们只有一个无穷远点，所以这里的所有 4 个箭头都相交于这一个无穷远点（图 42）。

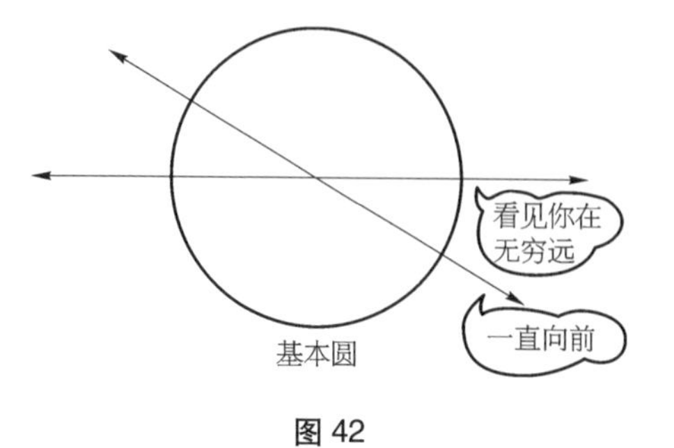

图 42

其次，我们将称与基本圆相交于直径的两个端点的任何圆为“一条直线”。如图 43 所

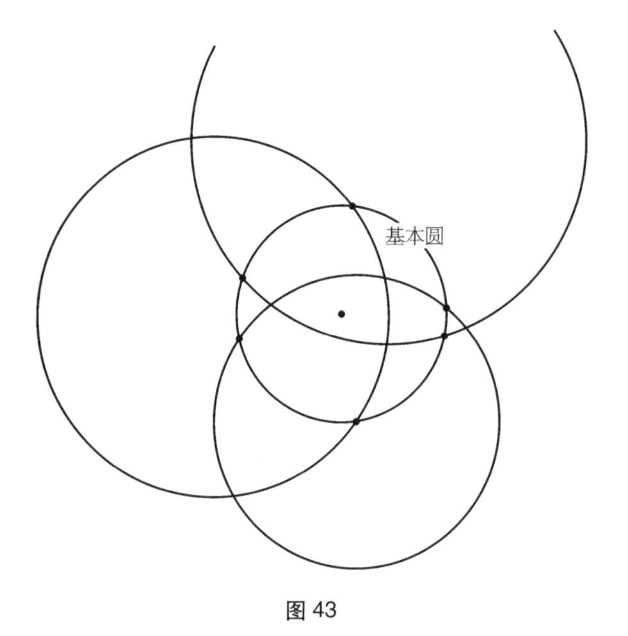

图 43

示，这将是一个很好的想法，你取出一个圆规，亲手画一个基本圆，再画一些与基本圆相交于直径的两个端点的圆。如果已知这些圆就是“直线”，那么我们这里的空间是怎么样的呢？现在就对它命名，称它为一个平球面（Flat Sphere）。

要注意的是在基本圆上给定了直径的两个端点，存在无穷多条经过这两点的“直线”。我们可以假定基本圆的圆心在原点，根据这些圆的圆心在 y 轴上的位置对直线编号（图 44）。

观察到图 44 中的所有“直线”，如果你只看 y 轴的邻近处，那么这些直线都是你将预料的平行线，但是它们全都相交。换言之，有这些“直线”的平面（加上这个无穷远点）就是非欧几何的另一种模式。就像球面上那样，“无平行线公设”成立，第一公设不成立。

称为平球面的空间和真实的球的表面之间关系是什么呢？它们是同构的。也就是说，我们可以在球面上的点集到该平面上的点（加上无

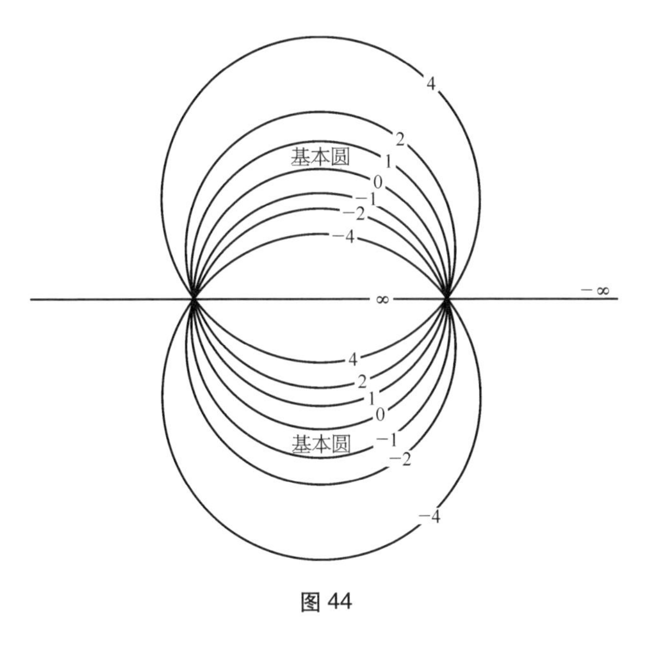

图 44

穷远点）之间找出一个一一对应，使球面上的每一条“直线”对应于平球面上的“直线”。这个映射是什么呢？立体投影。是这样实施的。

取一个球放在一个平面上，使球的南极为球与平面的切点。给出球面上的任意一点 P，从北极 N 到 P 点画直线 NP，并延长 NP 与平面相交。设 NP 的延长线与平面的交点为 P'。P'就是 P 在立体投影下的像（图 45）。

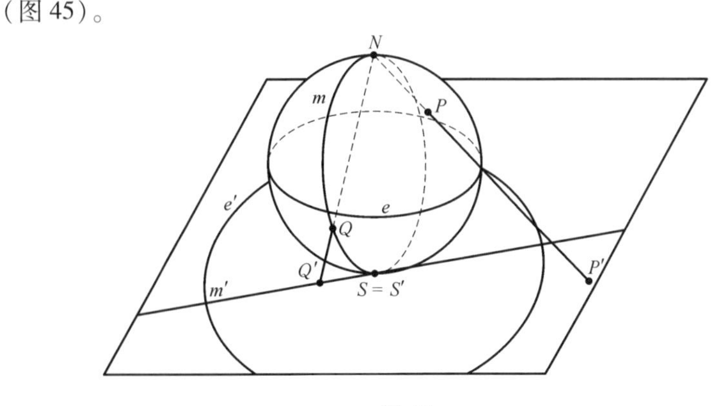

图 45

注意到球面上的每一点 P 都有唯一的像 P'。南极的像就是球与平面接触的点。北极的像是无穷远点。如果设大圆 m 的像是 m'，这里 m' 是所有在 m 上的点 P 的像 P'的集合，我们就可以找出球面上的大圆的像。设赤道的像是平面上的基本圆。观察到给定球面上的任意一个大圆 m，它的像 m'就是平球面的一条“直线”。图 46 就是从北极上方观察到的直观图。

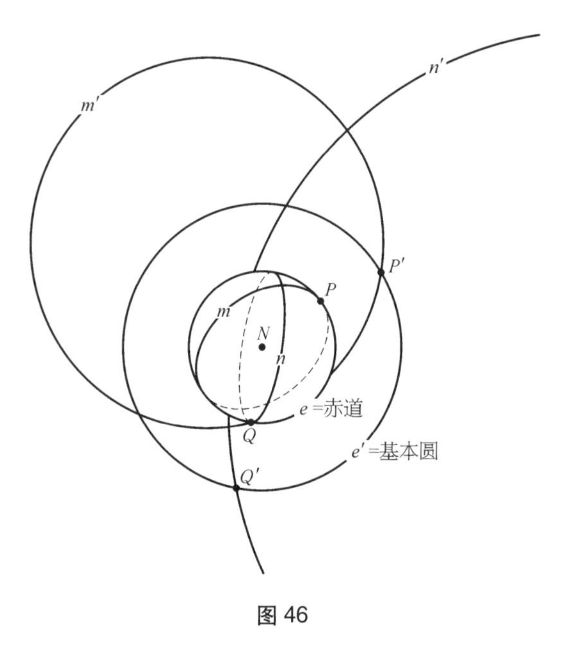

图 46

北半球的每一点都投射到基本圆的外部，南半球的每一点都投射到基本圆的内部。经过北极的大圆投射为经过基本圆的圆心的直线，其余的大圆投射为与基本圆相交于直径的两个端点的圆。这是因为任何大圆都与赤道相交于直径的两个端点。这些点的像都是基本圆（即赤道的像）的直径的两个端点。

我们在这里指出的是，真实的球面与平球面是同构的空间。当我们说到一个“空间”时，意思是点的集合和“直线”的集合。当我们把球面当作一个空间时，我们就把球面上的点的集合认为是我们的点，球面上的大圆的集合认为是我们的“直线”。当我们把平球面当作一个空间时，我们就把平面上的点（加上无穷远点）的集合认为是我们的点集，与基本圆相交于直径的两个端点的圆认为是我们的“直线”的集合。当我们有两个同构的空间，例如球面和平球面时，我们可以下结论说一个或另一个的居民是无法决定他“真正”在哪一个。也就是说，A.正方形也许可以知道他的空间是“球面的”，但是他无法确定自己所在的空间是真实的球面还是平球面。

真实的球面和平球面之间的区别是什么呢？球面是一个弯曲的表面，它的“直线”是测地线（即尽可能短的线；一般地说，在任何曲面上，人们只要从 P 到 Q 在曲面上拉一条细线，使这条细线贴在曲面上，并且尽可能拉紧，就可以找到一条在 P 和 Q 之间的测地线）。平球面是一个平坦的表面，它的“直线”是弯曲的。在一种情况下，我们有弯曲的空间和直的线，在另一种情况下，我们有平的空间和弯曲的线。第一类模式称为弯曲空间模式，第二类模式称为场模式。也就是说，如果（因为某种原因）我们认为平地的空间是弯曲的，其物体自然是沿着测地线（最短的）路径移动的，那么我们将平地看作为真实的球面。另一方面，如果我们认为平地的空间是平的，但是因为作用于平地的一切物体的某个万能场，所以其物体自然是沿着弯曲的路径移动的，那么我们将平地看作为平球面。在前一种情况下，我们接受一个无法解释的空间的曲率，在后一种情况下，我们接受一个无法解释的场。因为我们在后面将看到，空间的两重性正是爱因斯坦广义相对论的精髓，在那里是用时空的曲率这一术语解释引力场的。

聪明的读者也许已经注意到真实球面与平球面之间的一个差别是后者似乎是无穷大的，然而球面却只有有限的表面积。如果我们以一种不常用的方式定义平球面上的距离的话，那么这两种模式之间的这一差别就可消除。这一想法实际上使我们能对我们的空间是弯曲的意味着什么给出一个精确的定义（这一点我们将在第三章“弯曲的空间”进行深入研究）。

但是，现在我们希望得到非欧几何的一些更多的模式，在这些模式中“多平行线公设”成立。回忆一下第五公设说的是，给定一条直线 m 和不在 m 上的点 P，恰存在一条经过 P 点、且永不与 m 相交的直线 n。球面和平球面都是不存在这样的 n 的模式。现在我们希望找出一种存在许多这样的 n 的模式。

这一次从一个场模式开始就会比较容易了，此时只要设法找出这个相关的弯曲空间的模式。我们将称这个空间为平马鞍面（Flat Saddle）。平马鞍面的点是该平面上的所有的点，平马鞍面的“直线”是某个特殊类型的双曲线。

对于每一个角 θ，$0°\leqslant\theta<360°$，和每一个实数 a，$0\leqslant a$，我们设 $H_{\theta,a}$ 是双曲线 $\frac{x^2}{a^2}-y^2=1$ 右边的分支绕原点按逆时针旋转 θ 度的曲线。因此要画 $H_{\theta,a}$，我们首先画与原来的坐标轴成 θ 角的新的 x 轴和 y 轴，然后画分别经过原点和点（a，1）和（a，−1）的两条渐近线，再画具有经过点（a，0）的这两条渐近线的双曲线（图 47）。

注意到如果 $a=0$，那么双曲线 $\frac{x^2}{a^2}-y^2=1$ 就是 y 轴。于是我们的“直线”将是经过原点的真正的直线，也是某一类双曲线。我们为什么不将每一条双曲线取为一条“直线”呢？因为此时任何两点之间将有许多条“直线”，于是违背了第一公设。要指出的是我在谢弗（P. Schaefer）教授的帮助下已经能够证明在该平面内给定任意两点，恰存在一条经过给定两点的 $H_{\theta,a}$。于是，平马鞍面是第一公设的模式（图 48）。

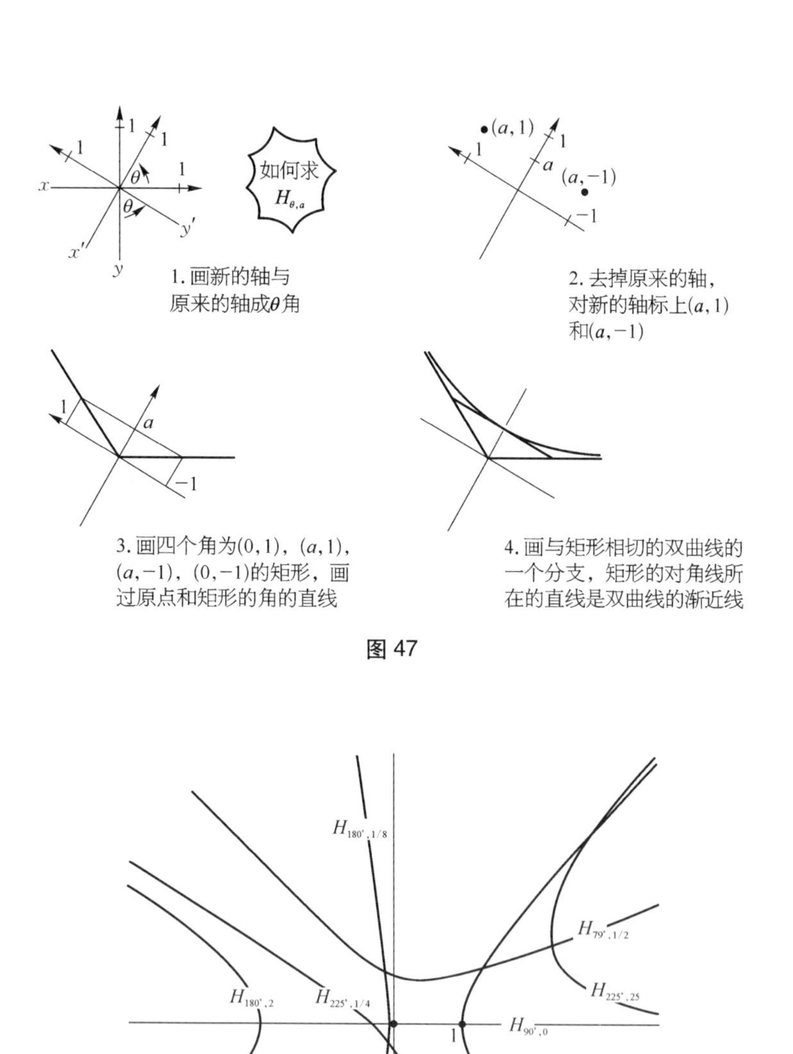
如何求
$H_{\theta,a}$
1. 画新的轴与
原来的轴成θ角
2. 去掉原来的轴，
对新的轴标上$(a,1)$
和$(a,-1)$
3. 画四个角为$(0,1)$，$(a,1)$，
$(a,-1)$，$(0,-1)$的矩形，画
过原点和矩形的角的直线
4. 画与矩形相切的双曲线的
一个分支，矩形的对角线所
在的直线是双曲线的渐近线
$H_{180°,1/8}$
$H_{79°,1/2}$
$H_{225°,25}$
$H_{180°,2}$
$H_{225°,1/4}$
$H_{90°,0}$
$H_{0°,0}$
$H_{0°,1}$
$H_{225°,4}$
$H_{270°,3}$

图 47

图 48

平马鞍面也是第二公设的一个模式，因为每一条“直线”都可以在两个方向上无限延伸。在用圆规画一条使其所有半径都相等的曲线这个意义上说，平马鞍面并不是第三公设的模式——因为从一点以各个方向出发的“直线”都以不同的方式弯曲。给出任何方向，我们应该能够沿着该方向上的一条“直线”度量到距离为 r 的一点，在这个意义上说第三公设的确成立。在像平球面和平马鞍面那样的场空间内如何度量距离是一个棘手的问题。问题是我们已经自然感到“直线”应该是测地线。如果我们将第三公设说成为“如果你取一条细线，将其一端固定在一点 P 上，然后保持拉紧状态转动这条线，于是移动的端点就画出一条是圆的曲线 c——在这一意义上，如果我们取经过 P 点的任何两条‘直线’，那么位于 P 点和 c 之间的‘直线’段都相等”(图 49)，那么甚至可以认为这就是第三公设的内容。如果我们假定在平球面和平马鞍面这两个空间中，距离是以平面内的同样方式度量的，那么第三公设的这一版本对这两个空间是不成立的。但是，这也不能阻止我们在这两个空间内以不同的方式定义距离，这一点将在下一章里看到。如果以适当的方式定义距离，我们的“直线”将是测地线！一条细线将沿着一条测地线，即“直线”伸展。转动一条细线将产生一条满足一个圆的定义的封闭曲线，虽然这条曲线更不像一个圆，就像“直线”不像直线那样（图 50）。

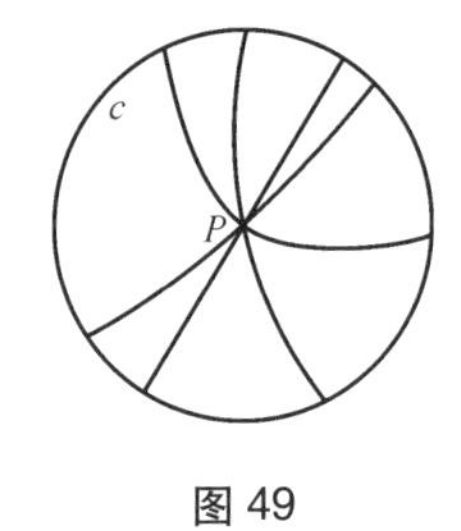

图 49

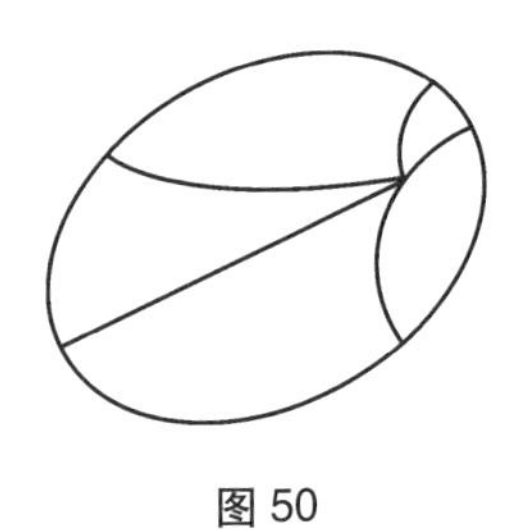
图 50

第四公设在平马鞍面上成立，因为所有的“直线”是光滑的（可微的）曲线。使第四公设不能成立的一种方法是，我们要处理在某处有一个小小的尖点的一个弯曲空间模式。两条线可以相交于这样的一个尖点（正像A.球在平地上拉起的尖点），并形成四个相等的角，每个角都小于90°！第四公设说空间没有这样的“奇点”。

于是欧几里得的前四条公设在这个称为平马鞍面的空间内看来是成立的。那么第五公设呢？这是不成立的，因为给定一条“直线”m和不在m上的点P，我们能够找出许多条经过点P、且与m不相交的正确形式的双曲线（图51）。

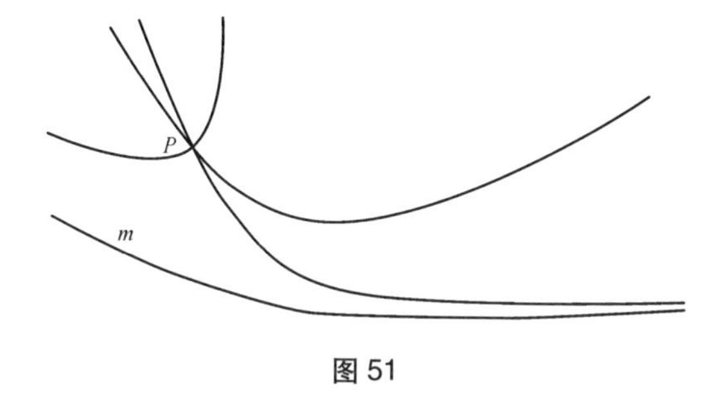

图51

我们从真实的球面出发到达了平球面，然后想到立体投影［平球面的这个想法源于赖兴巴赫（H. Reichenbach）的书《时空的哲学》（*The Philosophy of Space and Time*）］。但是，实际上我们并不是首先想到某个弯曲空间模式才得到平马鞍面的。平马鞍面背后的想法是，你想象自己站在一个怪异的空间的原点。你的视线——即穿过原点的线——是直的，但是不经过原点的这些线，随着向无穷远点远去而出现弯曲的现象。这一效果更表明这些线越来越远离你。如果你站在这个空间的一条走廊里，你将看到自己像站在一个水平放置的沙漏的瓶颈处（假定你的感知还没有适应这个新的空间）。

是否存在一种与平马鞍面相关的弯曲空间的模式呢？这种模式就

像真球面与平球面相关那样类似。坦率说，我还真没把握。让我们描述一个可能有效的弯曲空间的模式。考虑马鞍面，即双曲抛物面 $z=xy$ 的图像（图 52）。

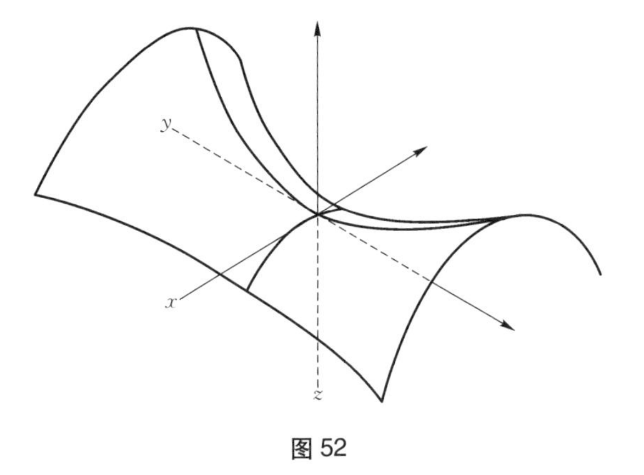

图 52

像往常那样，设“直线”是测地线。马鞍面就像平马鞍面那样，是前四条公设加上“多平行线公设”的模式。

困难的问题是马鞍面是否与平马鞍面同构。这个明显的映射将是只要设位于马鞍面上的每一点（x，y，z）映射到平马鞍面的点（x，y）。换言之，我们就将马鞍面上的每一点竖直向下（或向上）投射到 xy -平面上。这一映射是否将马鞍面上的测地线映射为平马鞍面上的“直线”呢？如果不是的话，那么能否妥善确立这一映射呢？有一些困难的问题，但是似乎可以放心地说，如果存在任何弯曲的空间模式与平马鞍面同构，那么它将看上去像马鞍面。

A.正方形是怎么知道他生活的是什么空间的呢？也许，要他检验第五公设是困难的。例如，在平马鞍面上，他可以走啊，走啊，走啊，注视着看上去两条最终应该相交的直线，但是他将永远不会知道这两条直线是否真的不相交，还是他只是还没有走得足够远。我们要得到的是这个问题：是否存在空间的任何局部性质来确定该空间满足这三条

“平行”公设中的哪一条？

答案是肯定的。利用第五公设可以证明，在任意三角形中 3 个内角和是 180°。利用第五公设证明毕达哥拉斯定理是可能的。要说明的是当第五公设不成立时，这两个证明就不成立了。我们将马上列出所有的相关信息，但是首先让我对各个曲面，例如球面以及像马鞍面这样的曲面之间一个基本的差别作一介绍。如果一个曲面是凹-凹的，或者是凸-凸的，那么就说这个曲面的曲率为正；如果一个曲面是凹-凸的，或者是凸-凹的，那么就说这个曲面的曲率为负。这是什么意思呢？取一个曲面，在这个曲面上取一点。过这一点在这个曲面上画两条线，在该点相交成直角，使其中至少一条线尽可能弯。如果这两条线在同一个方向上弯曲（都向上或都向下），那么我们说这一曲面在这一点是正曲率。如果这两条线在相反的方向上弯曲（一条向上，一条向下），那么我们说这一曲面在这一点是负曲率。球面在其每个点上都是正曲率，有无穷远的尖点的曲面上每个点都是负曲率。曲面 $z = x^2 + y^2$ 在其每一点上都是正曲率，$z = \frac{1}{x^2 + y^2}$ 在其上大多数点上是负曲率。当一个曲面在一点上是零曲率时，这意味着什么呢？这意味着上面提到的这两条线中至少有一条是真正的直线。例如，圆柱在其每个点上都是零曲率（如图 53 所示）。

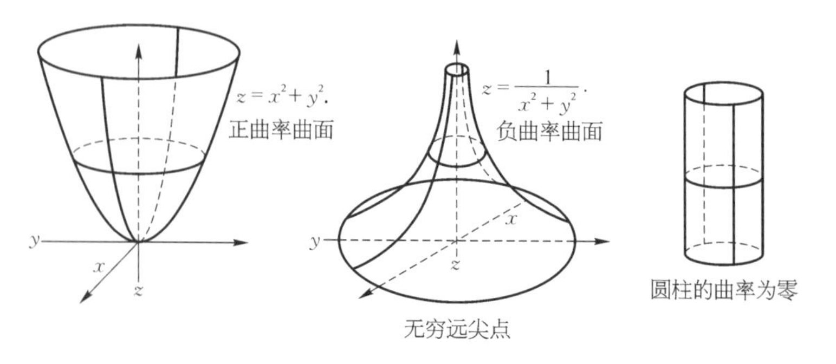

图 53

下面是表示各类空间之间的关系的表格，其中包含了空间所具有的各种性质。

一个弯曲空间模式的曲率的符号	给定一条直线 m 和不在 m 上的点 P，过点 P 且平行于 m 的直线的条数	每个三角形的内角和	两条直角边分别为 a 和 b 的直角三角形的斜边的平方	直径为 1 的圆的周长
正	0	$>180°$	$<a^2+b^2$	$<\pi$
零	1	$=180°$	$=a^2+b^2$	$=\pi$
负	许多	$<180°$	$>a^2+b^2$	$>\pi$

第二章的问题

（1）为什么球面上的两条直角边分别为 3 和 4 的直角三角形的斜边小于 5？为什么马鞍面上半径为 2 的圆的面积大于 4π？

（2）在一个球面上给出一点 P 和某个半径 r $\left(\text{小于球面上大圆的周长的}\frac{1}{4}\right)$，显然我们可以用这个长度的细线绕着 P 点在球面上画一个半径为 r 的圆。可以证明在立体投影下球面上任何圆 m 的像是该平面内的一个圆 m'（图 54）。P'（P 的像）是不是 m' 的圆心？这表明平球面所在的平面内的距离函数指的是什么？

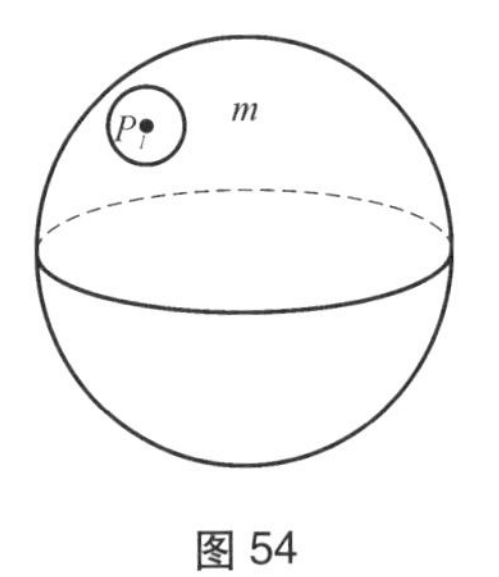

图 54

（3）我曾提到过没有平行线第一公设仍然成立是可能的。做到这一点的方法是取一个半球，并在边界上确定某一对点。也就是说，对

于赤道上的每一点 E（图 55），我们在赤道上选取另一点 E^*，假定 E 和 E^* 是同一点。我们应该用什么规则连接 E 和 E^*？

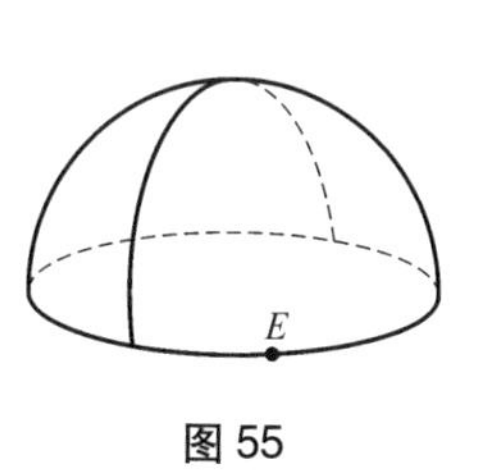

图 55

（4）看镜子里，如果你把脸上所有负曲率的部分涂成蓝色，所有正曲率的部分涂成红色，设想一下你会看到什么？

（5）画一个基本圆，取 P，Q 两点。在平球面上作经过这两点的“直线”，如图 56 所示。

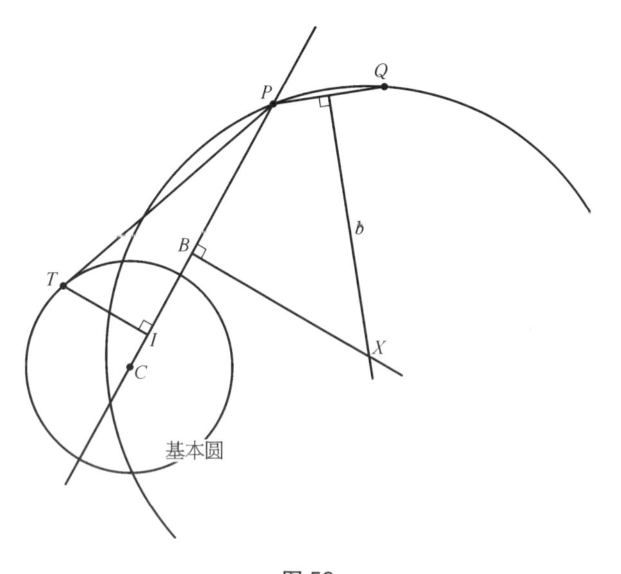

图 56

寻找平球面上的两点之间的“直线”的方法。

① 已知：基本圆和 P，Q。

② 画线段 PQ，并作该线段的垂直平分线 b。

③ 画直线 PC。

④ 作基本圆的切线 PT。

⑤ 作 TI 垂直于 PC。

⑥ 求点 B，使 $CB=\frac{1}{2}IP$。

⑦ 作直线 BX 垂直于 CP。

⑧ 以 X 为圆心，XP 为半径的圆就是 P 和 Q 之间的“直线”。

第三章

弯曲的空间

现在让我们回到平地大学的高等空间教授 A.正方形。我们发现他正在办公室里沉思，反复思考着探索者列文切普的难以置信的发现。

那年年初，列文切普就提出要发现世界的边缘。我们应当指出，平地居民们相信平地是一个半径约为一千英里的圆的内部区域，这个长度是一个平地人一年的旅程。早期他们相信平地的空间是无限的，我们将称之为一个无限平面，但是在现代，他们已经渐渐相信他们的空间是有限的，虽然没有人能够说超越空间的边缘是什么。他们对空间有限性的信念部分是来自 A.球的言论，每逢星期六晚上他都按规矩出现在平地堡镇的第三维教堂里。“扁平的人们，你们的世界是圆形的，是一个像我一样的大球，和我差不多漂亮。我们立体人称你们的世界为以太球#666。”A.球的话通常都十分隐晦，但这一次似乎是够明确的了：平地的空间是一个大圆的内部。

关于这个论证对 A.正方形来说似乎有些错误，但这些事情很难思考。毕竟，平地的空间实际上不可能成为一个像 A.球那样的球……或者说，直到列文切普将要从他的旅程转回到空间的“边界”之前，似乎才是这样的。列文切普早在两年以前就已经向东出发。他的想法是在大约一年的旅程后他将到达世界的边缘。一旦他在那儿将发现边界的模样，那就拍些照片，做些实验，也许把边界分成一段一段，把写有主教的姓名的平地旗留在上面，然后回家。

两年后列文切普回来了，但是他是从西方，而不是从东方回来的。如果列文切普没有坚持他是在一条直线上走了整整两年，甚至没有来到空间的边界，从未往回走，也从未偏离过直的路径，这也不会如此令人惊讶的。主教建议列文切普应该被处死，但是主教的办公处却成了盛大的庆典场所，因为那天正是 A.正方形获释的日子。公众希望理解列文切普的功绩，而不是抹杀其功绩，因为他们是转向了 A.正方形的一个解释。

读者们，当你们听到他偶然发现二维世界的空间是球的表面这一想法时，你应该是不会感到惊奇的。但不是以 2 维的方式载歌载舞，而是让我们把它提高一维，看看它是否会像我们的 3 维空间是一个超球的超表面那样。

首先，我们可以将列文切普的功绩加倍。如果我们乘一艘火箭飞船从北极出发飞离地球足够久，那么不一会我们将看到一颗美丽的行星出现在我们面前——当我们着陆时，我们将会发现自己在南极。

注意到想象一条“球形的”直线地（Lineland）就像想象一个球形的二维世界（Flatland）那样容易（图 57）。为什么把我们的空间想象为“球形的”是如此困难呢？原因是我们的 3 维空间的曲率将在第四维的方向上。我们的“直线”实际上是弯的，不过在我们不知道的一个方向上弯。如果我们考虑球面上的一个大圆，譬如说是赤道，这就变得较为清楚了。如果A.正方形在赤道上滑动，他就会说，“这条线是直的；它既不向左弯，也不向右弯。如果真的是弯的，那么只能是在神秘的第三维的方向上弯。”类似地，我们空间内的一条直线可能出现弯曲，既不向左弯，也不向右弯曲，既不向我们弯，也不背向我们弯，而仍然可能在第四维的方向上弯。

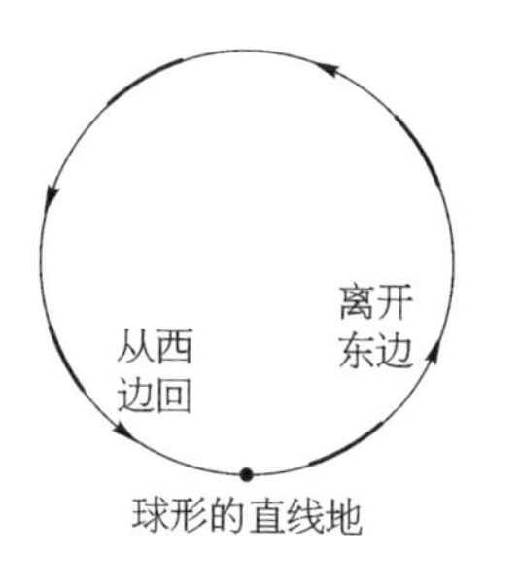

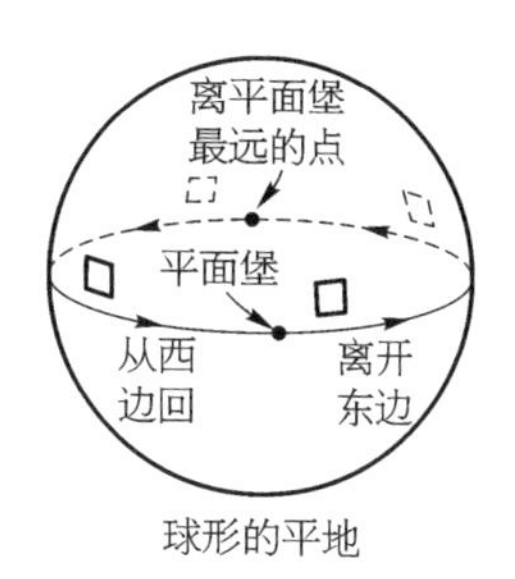

图 57

图 58

如果我们的空间是超球空间，那么我们实际上可以不用环绕这个宇宙飞行就能觉察到这一点，因为我们在上一章中曾学到，我们画的任何直边三角形实际上其内部是超过 180°的。但是这类偏差将是十分小的以至于觉察不到，除非形成我们的 3 维空间的超球面的这个超球的半径很小。

有意思的是想象一下占有一个相当小的超球的超曲面，譬如说，它的大圆的周长是 50 码，会发生的情况是十分有趣的。如果你在这样一个 3 维空间内漂泊，那么不管你以什么方向移动，你将在 50 码以后回到出发点。想象一下你本人在这样一个空间漂泊的情况。那儿除了你本人和一些空气以外空无一物，你手持一架推动你的喷气发动机。一开始你处于一个非常类似于一个宇航员悬空在外太空那样的位置上。其差别是如果你在一条直线上开动喷气发动机离开出发点，在移动 50 码以后会回到出发点。你看到的是什么呢？无论你往哪个方向看，你都将看到自己。为什么呢？好吧，如果 A.正方形生活在一个相当小的球面上，他会看到什么呢？不管他看哪里，他总是看到自己（图 59）。他会看到一个很大的 A.正方形在离开他大约 50 码的距离上。他看到的像实际上甚至要比那个更奇怪，这我们在后面将会看到。

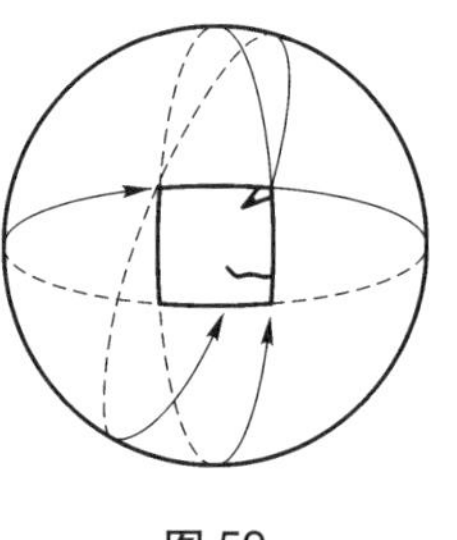

图 59

但是，现在回到你在整洁的球形小空间内漂泊的情景，看到你在 50 码的距离上的一个巨大的像，让我们给你一个能够伸展的大气球进行一次新的实验。假定你在这个泄了气的气球内缓慢地匍匐而行，开始给气球打气。比方说，从你恰好携带的一个高压罐里释放出压缩空气。气球开始膨胀，于是你发现自己在一个膨胀的橡皮球的中心。尽管这样，当气球的直径膨胀到 25 英尺时，一件奇怪的事情发生了。将你与气球的外部空间隔开的橡皮球壁停止向你弯曲，而开始变得平了。不知怎地，你被一堵完全平坦、没有曲率、没有角的墙所包围！当你从高压罐里释放出更多的压缩空气时，橡皮球壁开始*永远离*你弯曲，不一会，你开始时在其内部的气球变成一个你在其外部的气球。在气球外壁的唐老鸭的图片现在在气球的内壁。但气球没有破裂或被刺穿，却似乎反了个面。你没有穿过气球壁已经从气球的内部到了外部。怪异而有点令人不解的是你变成了 A.正方形。

现在说一说平地世界的 2 维空间组成一个大圆周长为 50 码的球面。你在气球内缓慢地匍匐进入一个气球就相当于 A.正方形进入某个有弹性的封闭曲线内。当2维气球膨胀为一个大圆的时刻就相当于你的气球变平的时刻（图60）。

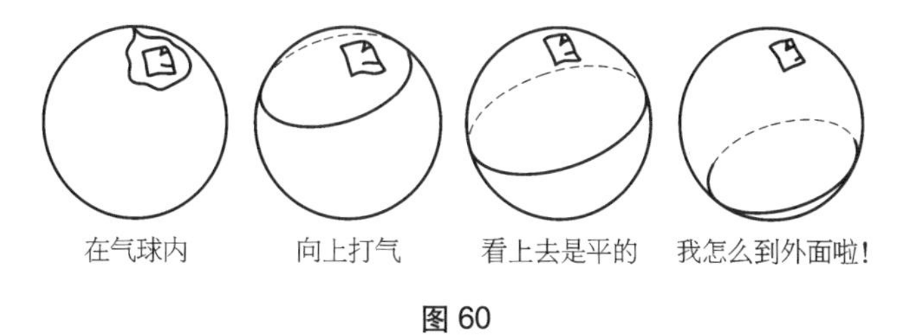

图60

我们的3维空间也许是球面的这一思想并不是科幻小说，而是许多负责任的科学家相当认真的想法。阿尔伯特·爱因斯坦就是第一批推进这一思想的人之一。这一思想的诉求是什么呢？也许它能够使我们有一个不是无限的、但也没有边界的空间。我们肯定不需要我们的空间有边界。很难想得通的就是这一思想，因为如果你能够到达边界上的一点，不再前进而停下时会怎么样呢？另一方面，我们内心深处存在一些东西对一个永远持续的空间的想法产生了反感，这个空间充满着无限多颗恒星、无限多颗行星、无限多个文明。但是，如果我们的3维空间构成一个超球的超球面，我们就可以有一个无边界但有限的空间。但是，处于宇宙另一端的点难道不是一种边界吗？实际上并非如此；如果你处于这一点的话，那么你将能在任何的3个空间方向上完全自由移动。这些方向中的每一个都将会恰好对着地球。（类似地，如果你在澳大利亚，你就可以在你喜欢的任意两个空间方向上驾船航行。这两个方向中的每一个都将会恰好对着美国）。

在这一点上，一个自然的想法是，就像可能存在许多漂泊在3维空间内的球形二维世界（图61），也可能存在许多漂泊在4维空间内的超球宇宙。为什么我们不能离开我们的超球呢？

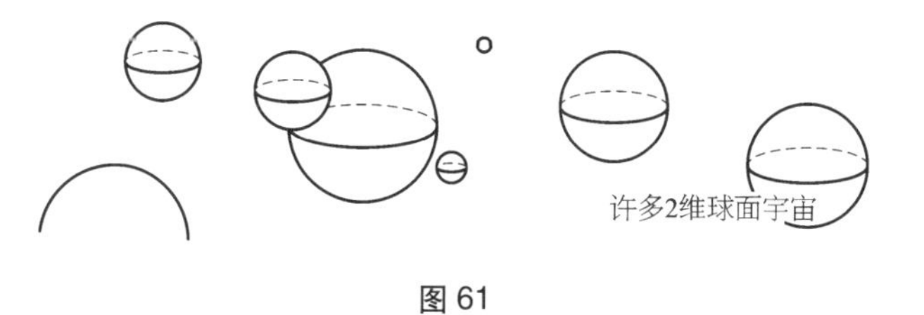

图 61

问题是为了在第 4 维的方向上运动，我们必须能在第 4 维的方向上加一个力，但是这我们做不到。不管 A. 正方形干些什么，他只是在他的球面上滑动。

当我们谈论漂泊在 4 维空间内的不同的 3 维宇宙这一话题时，让我们提一下有人在科幻小说或超自然的作品中偶尔读到的“平行宇宙”的想法。暂时忘记一下弯曲空间的想法，回到把二维世界看作是无限平面的想法吧。“平行宇宙”的概念是存在两个，或七个，或无限多个互相平行的二维世界。在一些版本中人们可以从一个平行宇宙移动到另一个，直至他们发现一个适合于他们的平行宇宙为止，这里的想法是各种事物的每一个可能的状态在许多平行宇宙中至少有一个是现实的。另一些版本是我们同时存在于这些宇宙的每一个之中；譬如说，可以将“星状平面”看作为我们的“灵魂（astral body）”生活的一个平行的宇宙（图 62）。有时灵魂恰好复制我们的肉体的动作，但有时——当我们做梦时——我们灵魂独立于肉体活动。这样的人在熟睡时，确实在星状平面内做一些事，例如前往遥远的地方旅行，然后返回通报那里的情况，他们被说成是能够“醒来”的。你的灵魂在多大的程度上与你的肉体相关，这一点在我查阅过的作品中还不清楚。20 世纪初人们对这些想法很感兴趣，近来一些神秘的研究有复活的迹象。但是我所阅读过的书中大多数都包含大量的主观愿望。随着我们的工业化的社会中生活变得很少冒险，不少人试图寻找进入未知世界的一些新的途径。也许我们确实是 4 维生物，我们的肉体只是我们整个身体的一个 3 维截面，但是还不能说这有令人信服的依据。令人信服的依据将由对我们目前的物理学理论的一些虽然似是而非、但前后一致的拓展组成，这一理论将假定通常的肉体是 4 维的，并预言实验的结果是可考证的。只要没有关于灵魂、心理现象等等的很好的理论，任何实验都不能真正令人信服。

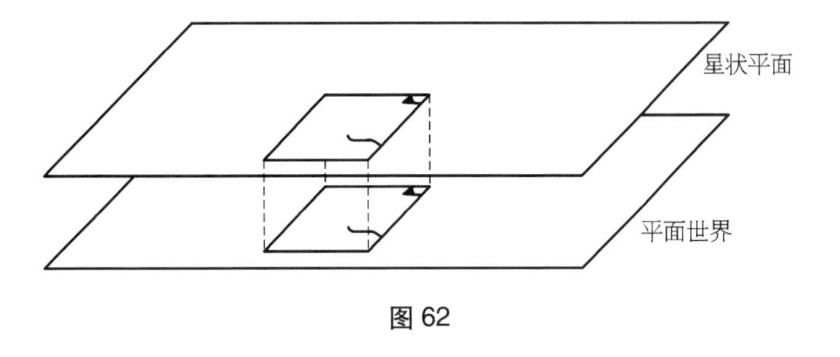

图 62

现在回到在 4 维空间中漂泊的超球宇宙的想法，注意到我们能够在更高水平上移动，只要认定我们的超球所漂泊的这个 4 维空间实际上是弯向漂泊在 5 维空间的一个超超球的超超球面，认定存在无穷多个这样的超超球，认定 5 维空间实际上是漂泊在 6 维空间的一个超超超球的超超球面，等等。一旦我们开始增加维数，那么在逻辑上不到无穷大是不会停止的。无穷大维空间会是弯的还是平的呢？数学家在一种不同的背景下实际上已经研究过一种称为希尔伯特空间的平直的无穷大维空间。但是，用史密斯（W. Smith）的话来说，“维数最大的空间的本质是我们在这里没有提出来讨论的一个问题，因为这显然已有点超越实际操作的范围了。”

正如将你取的点作为平面内的点再加上一个无穷远点，将你取的“直线”作为某一类圆和直线，得到一个与真正的球同构的平球面是可能的，将你取的点作为普通的 3 维空间内的点，将你取的“平面”作为某一类的球和平面，将你取的“直线”作为某一类的圆和直线，得到一个平超球也是可能的。这里有一个有效的方法。在你的正规的3维空间内选取一个好看的球，我们称它为基本球。现在说一个“平面”是（i）经过基本球的球心的任何平面；（ii）与基本球的截面是基本球的一个大圆的任何球。说一条“直线”是（i）经过基本球的球心的任何直线；（ii）与基本球相交于直径的两端的任何圆。这一模式在赖兴巴赫出色的书《时空的哲学》中有所描述。注意到任何两个“平面”相交于一条“直线”。于是，在图63中，“平面”P和Q是两个球，它们将相交于一条“直线”的，即经过基本球上的直径的两个端点X和Y的圆（我们在这张图上没有画出这个圆，因为这样将使这张图很难看明白）。

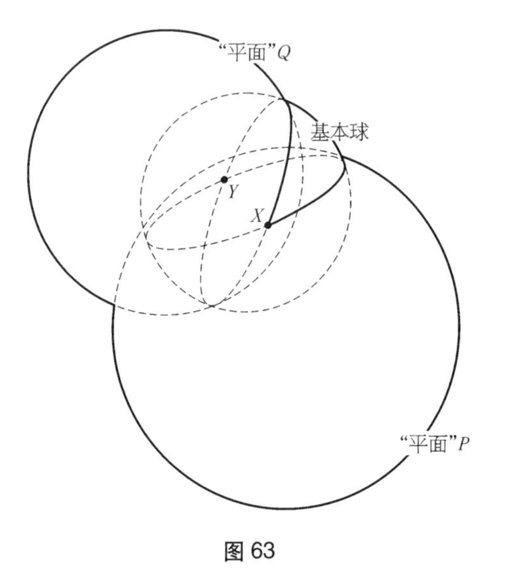

图63

我们可以想象平超球是在4维立体投影下与一个真实的超球的同构。你会取一个超球和有一个公共点的一个E3，称为S。设N是超球的超曲面上尽可能远离S的点。在超球的3维超曲面内给定任意一点P，在4维空间内画直线NP，并延长与你的E3相交于唯一的点P'。

这里重要的是认识到4维空间内的一条直线与3维空间只相交于一点是可能的。

让我们回到不那么令人难以置信的情况：A.正方形。对他来说，他的空间显然是球面的。毕竟，列文切普“绕着空间”游逛了，不是吗？奇怪，或者说也许不那么奇怪，A.正方形的理论是遭到普遍反对的。“空间不能是弯曲的，A.正方形教授，”他的上司带着似乎有些杀气的声调对他说；“空间按其本质来说是平的。上帝不会创造一个不完美的宇宙。”A.正方形回答说，“但是，你看不见吗？我们的空间在第三维的方向上是弯曲的，否则列文切普怎么能既没有向左弯，也没有向右弯，而绕着宇宙转了一圈呢？”他的上司厉声说，“正方形博士，第三维不是真实的。只是一个象征，它是不可思议的，本质上是不可解释的。至于列文切普嘛，那只是鬼把戏……我们的特维斯托神父正在研究那个小小的异常。”

特维斯托神父是第三维的教堂的主教。他在A.正方形逃离断头台时的那个骚乱的时世建立了这所教堂。二维世界的居民们对这个“奇特的现实”（用特维斯托神父的话来说）入侵他们的生活既感到困惑不解，又感到害怕，他们设法求来了这位领袖人物使他们易于理解这个改变了的世界，他们要什么特维斯托就给什么。A.正方形本可轻易夺取权力，但是他进入第三维的旅程以及几个月的牢狱生活已使他对多边形种族感到失望。他对在二维世界U中过的相对孤独的生活心满意足。要见到他并不难，但很少有人付出努力，毕竟他有点古怪。

特维斯托神父是一位优秀而聪明的数学家，但他基本上是不相信第三维的。他善于寻求用二维解释三维现象，对第三维现象只是说说而已。他交替使用“三维的”和“神秘的”这些词，他仅仅局限于将这些低俗的魔术冒充为“三维空间现象”。第三维的教堂是一个巨大的成功，因为这使远离原来不舒适的现实中的种种事件变得舒适而神奇。

在A.正方形与上司谈话后不久，特维斯托神父来见他了。“你好，教授先生，”特维斯托热情地说，“忙于玩你的老把戏吗？我听说的一个球形空间是什么意思？把第三维留给神职人员吧！如果在真实的世界中存在任何第三维的话，那就是时间；不存在将物体弯进去的第三维！”

“好，特维斯托先生，”正方形回答道，“你一定已经将2维的解释留了一手。说出来听听。”

“没什么好说的，”特维斯托爽朗地回答说，“随着列文切普在离开二维堡，他一直在变大。他变大得如此快以至于在一年后就到达无穷大。因为只存在一个无穷大，所以他能够从他喜欢的任何方向返回。他恰巧取了这个方向，即使他向东方离去却能从西方返回。”特维斯托面对A.正方形狂怒的面容，露出一丝平缓的神色。

“那太可笑了！”A.正方形嚷道。

“并不可笑，亲爱的正方形，是神奇。”特维斯托回答说。

现在让我们来看一下特维斯托神父的想法。A.正方形一直在思考的是真实的球，然而特维斯托神父一直在思考的是平球。因为这两个空间是同构的，现在我可以对你说没有人会赢得这场争论。这就是我们的观点：在一个较高维内的空间的曲率是能够解释清楚的，如果你假定的物体在绕着你的理想的平坦空间运动时，它会以适当的方式伸缩。图64表明列文切普是以特维斯托神父明白的方式旅行的。

注意到如果你取一个球形的二维世界，并将一个平面与它相切于二维堡，那么一个绕着图57中所示的球运动的正方形的立体投影看上去就像特维斯托神父所说的模样。当正方形包含从绘制投影线出发的这一点时，那么它的像就是无穷的。这是有道理的，因为当列文切普

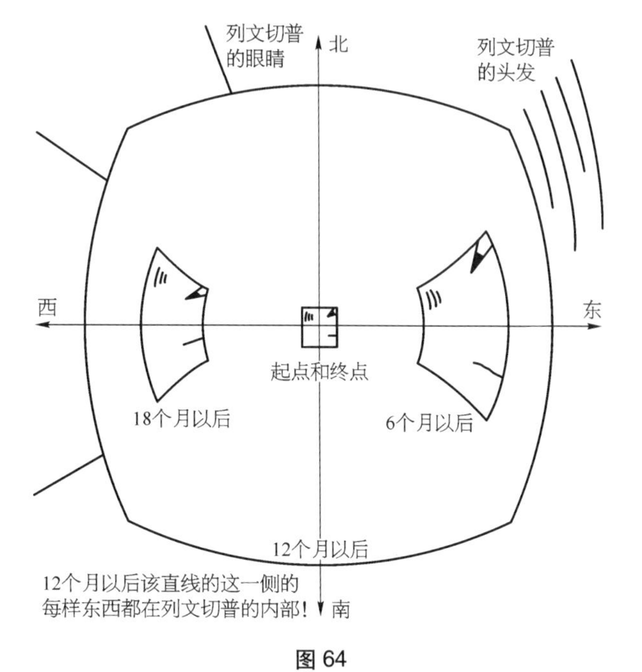

图 64

在二维世界的球面空间中与二维堡径直相对的点时，如果二维堡的居民用一架强大的望远镜观察，从任何方向观察了一切的话，那么他们将已经看到列文切普了。现在如果我们要在某种背景下模模糊糊看到某个人的一部分，不管我们将望远镜指向哪个方向，我们将能下结论说这个“人”是无穷大的。那么这种情况将会发生，例如，如果一个宇航员在离我们最远的空间内的一点漂泊，假定我们的三维空间是球形的，这个宇航员的外观会出现奇怪的特性，如图 64 所示，他就会“内外颠倒”；也就是说，原先他的皮肤形成一个表面，里面是内脏，外面是我们，而现在他的皮肤将是他的表面，内脏在外面，我们在里面。他会注意到任何奇怪的事情吗？不！他会感到完全正常。只有我们看上去会无穷大，他是内外颠倒的。这个宇航员的身体在无穷远处的奇特行为称为一个“空间的坐标奇点”，与“空间的实质奇点”不同。也就是说，空间的这个奇特现象只是表面的，可以用一种不同的角度观察事物来消除。

现在回到A.正方形和特维斯托神父的争论，原来，特维斯托实际上已经得出列文切普必须变大得多少快的一个公式。这个想法是二维世界的空间是无限的笛卡儿平面——每一点有一个坐标（x，y），我们取二维堡的坐标为（0，0）——但是坐标为（x，y）和（$x+\mathrm{d}x$，$y+\mathrm{d}y$）的两点之间的距离 ds 的改变量并不是简单的 $\mathrm{d}x^2+\mathrm{d}y^2$的平方根，如果一切都正常，那么这是对的。这一想法是，在他们的空间内给定的两点（x，y）和（$x+\mathrm{d}x$，$y+\mathrm{d}y$），二维世界的居民假定这两点之间的“距离”，或者是空间的一个量，并不是绝对必要地像毕达哥拉斯定理所说的自然应该是 $\mathrm{d}x^2+\mathrm{d}y^2$的平方根。毕竟，毕达哥拉斯定理等价于欧几里得的第五公设，这在第二章中已经指出。也许二维世界的居民生活的平面是在每一点赋予一个笛卡儿坐标后是有选择的伸长和收缩。

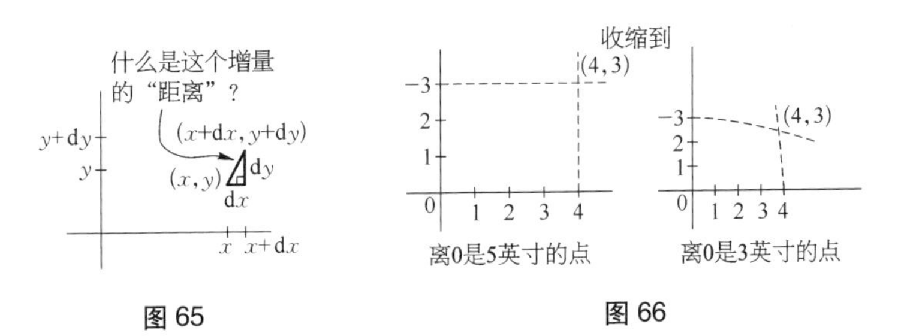

图 65　　图 66

如果假定在该平面内的点 P'和 Q'之间的距离定义为与这两点该球面内的原像 P 和 Q 之间的实际距离相同，假定在该平面内坐标为（x，y）和（$x+\mathrm{d}x$，$y+\mathrm{d}y$）的两点之间的距离 ds 由

$$\mathrm{d}s=\frac{1}{1+\frac{1}{4K^2}(x^2+y^2)}\sqrt{\mathrm{d}x^2+\mathrm{d}y^2}$$

给出，这里 K 是二维世界的居民生活的球的半径，那么计算是可能的。这就是特维斯托所说的，坐标为（x，y）和（$x+\mathrm{d}x$，$y+\mathrm{d}y$）的两点之间的实际距离不是像原先所相信的 $\sqrt{\mathrm{d}x^2+\mathrm{d}y^2}$，而是 $\dfrac{1}{1+\frac{1}{4K^2}(x^2+y^2)}\cdot\sqrt{\mathrm{d}x^2+\mathrm{d}y^2}$。A.正方形将会把 K 看作为是宇宙的半径，但是相信平坦空间的特维斯托却认为倒不如把 K 看作为不一定与物理相关的某一种宇宙常数。我可以将一个平面看作为一个半径为无穷大的球，如果 K 是无穷大，那么特维斯托的表示距离的公式就归结为通常的距离公式。

我们在这里要稍作停顿，提一提 $\mathrm{d}x$ 和 $\mathrm{d}y$ 究竟是什么意思。$\mathrm{d}x$ 和 $\mathrm{d}y$ 这两项理解为无穷小量，即其绝对值小于任何正实数的非零的量。你可以问，两个无限接近的点之间的无穷小的距离公式有什么用。这一想法是我们在微积分中有一个将无穷多个无穷小量加在一起，得到一个通常的实数的工具。这个过程称为积分。在给定直线 m 上 P' 和 Q' 两点之间的距离定义为 P' 和 Q' 之间在给定直线 m 上的所有无穷小的距离元素的无穷多个和（通常写成 $\int_{P'}^{Q'}\mathrm{d}s$），这里通常假定你知道哪一条直线 m 是你想到的。于是从二维堡（0, 0）向东到宇宙边界（∞, 0）的距离是

$$\int_{(0,\ 0)}^{(\infty,\ 0)}\mathrm{d}s=\int_{x=0}^{x=\infty}\frac{1}{1+\frac{1}{4K^2}x^2}\mathrm{d}x=2K\arctan\frac{x}{2K}\bigg]_0^{\infty}=\pi K,$$

这里我们用到了 $\mathrm{d}s$ 给出（x, 0）和（$x+\mathrm{d}x$, 0）之间的距离公式是 $\dfrac{1}{1+\left(\frac{1}{2K}\right)^2}\mathrm{d}x$ 这一事实。要注意的是 πK 这个值恰好是半径为 K 的球上的一点到该球的对面一点的距离。

特维斯托认为平面地居民随着他们远离原点移动而变大，ds 的公式认为较大的是 x^2+y^2，较小的是与给定坐标的改变量 dx，dy 有关的距离改变量 ds，这两者之间有什么关系呢？这两种想法实际上是等价的。譬如说，你有一条 x 轴，你已经在上面标有 0，1，2 等等某些点。再说你有一根静止的杆子在 x 轴上，其左端在 0 处，右端在 1 处。现在说你将杆子向右滑动，你会发现它的左端点在点 2 处停留，右端在点 4 处。你能作出两种可能的结论：（a）当你将杆子向右移动时，杆子的长度从 1 个单位扩张为 2 个单位，或者（b）2 和 4 两点之间的实际距离与 1 和 2 两点之间的实际距离相同（图 67）。

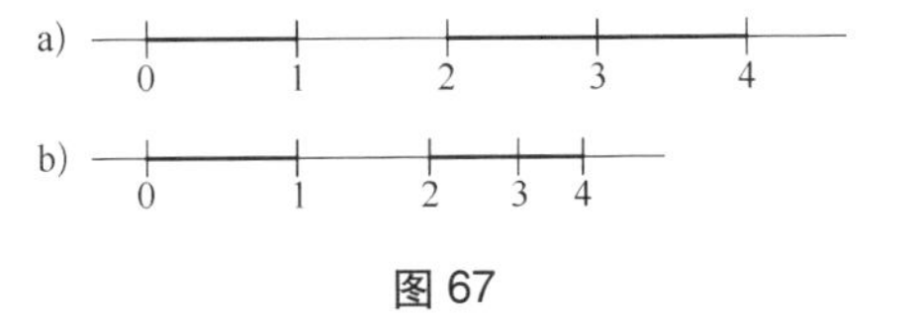

图 67

如果你相信我们有一个固有的基本的欧几里得空间，在这个空间里每一个点都有完好的笛卡儿坐标，那么结论（a）看来是自然的。当你的世界里产生似乎是非欧现象时，你就解释说物体受到奇怪的收缩和扩张是由于其在空间的位置，尽管如此，你仍然坚持说你的基本空间依然是欧几里得空间。

如果你认为一个像尺子那样的刚体根据其在空间的位置应该不会伸缩，那么结论（b）似乎是正确的。这里的感觉是如果你取出一根一码长的杆子，将它放在银河系的另一边上，那么它还是一码长。当你的世界里似乎冒出非欧现象时，你解释说你的空间实际上不是欧几里得空间，这就是为什么满足 $ds^2=dx^2+dy^2$ 的笛卡儿坐标的任何尝试都以失败告终的原因。

现代的倾向是采取结论（b），这是认定因为结论（a）的绝对空间是观察不到的，所以实际上是不存在的。现代的看法是以任何自然形态规定坐标轴，然后引进在每一点（x, y）处实际测量与给定的坐标增量有关的距离。其实是如果我们假定空间是局部平的（这表明在任何足够小的区域内，空间呈现为欧几里得的），那么将存在 3 个位置函数 g_{11}（x, y），g_{12}（x, y）和 g_{22}（x, y），使

$$ds^2 = g_{11}(x, y)dx^2 + 2g_{12}(x, y)dxdy + g_{22}(x, y)dy^2。$$

这 3 个 g-函数通常结合为一个函数

$$G(x, y) = \begin{bmatrix} g_{11}(x, y) & g_{12}(x, y) \\ g_{12}(x, y) & g_{22}(x, y) \end{bmatrix},$$

它在每个位置处的值是一个矩阵或张量。在 3 维的情况下，我们有一个等于对称矩阵

$$G(x, y, z) = \begin{bmatrix} g_{11}(x, y, z) & g_{12}(x, y, z) & g_{13}(x, y, z) \\ g_{12}(x, y, z) & g_{22}(x, y, z) & g_{23}(x, y, z) \\ g_{13}(x, y, z) & g_{23}(x, y, z) & g_{33}(x, y, z) \end{bmatrix}$$

的类似的函数 G（x, y, z），这里

$$\begin{aligned} ds^2 = g_{11}(x, y, z)dx^2 + 2g_{12}(x, y, z)dxdy + 2g_{13}(x, y, z)dxdz \\ + g_{22}(x, y, z)dy^2 + 2g_{23}(x, y, z)dydz \\ + g_{33}(x, y, z)dz^2。\end{aligned}$$

这个 G-函数称为度量张量。结果是，如果给你空间的任意一个坐标和在每一个坐标点处的度量张量，那么你所知道的一切就是要了解空间的结构。如果你以不同的方法阐述了坐标，你就已经得到一个不同的度量张量，但是新的度量张量将以一个自然的方式与原来的度量张量相关。

正如我们在前面见到的那样，如果你在平面内取正规的笛卡儿坐标，那么

$$G(x,\ y)=\begin{bmatrix}\left(\dfrac{1}{1+\dfrac{x^2+y^2}{4K^2}}\right)^2 & 0\\ 0 & \left(\dfrac{1}{1+\dfrac{x^2+y^2}{4K^2}}\right)^2\end{bmatrix}$$

就导致球面空间；也就是说，它使平面看上去就像平球面那样。

让我们搞清楚这一点。为什么如果 $G(x, y)$ 如我们刚才阐明的那样，我们的最短路径看起来应该像图 43 中的一些圆呢？

或者，把它放回到一个多边形的形式，特维斯托神父会如何声称，某物体在远离二维堡运动时引起他假定的膨胀，会造成 P 和 Q 之间的最短距离是弯曲的线，而不是直线呢（图 68）？答案很简单。因为当我们将一把尺子离开 O 点移动时，尺子就会变长，如果我们不断地沿着弯曲的路径 PQ 上安放尺子，那么我们安放的次数通常要比我们不断地沿着直的路径 PQ 上安放尺子的次数少。一条从 P 拉到 Q 的细线实际上是沿着弯曲的路径走的。注意到三角形 OPQ 是各角之和为 270°的直角三角形。

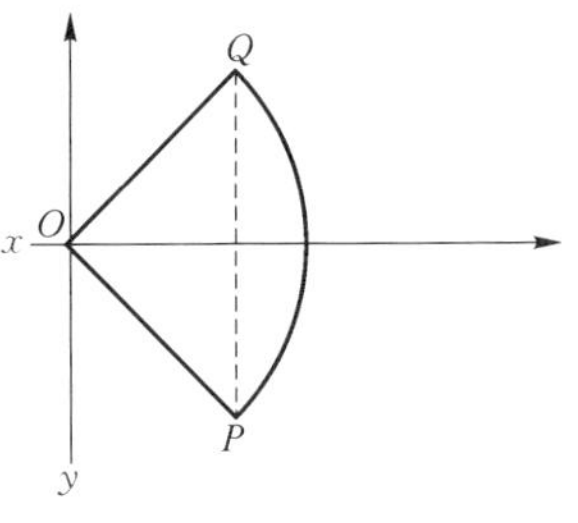

图 68

现在我们可以开始了解如何将我们的 3 维空间想象为球面。假定我们不能容易地想象在第四维空间的方向的曲率，但是我们能够想象能伸长的尺子。所以这一想法是从对理想的普通的 3 维欧几里得空间的一个头脑中的图像开始。现在假定当任何尺子或者其他物体离开原点移

动时会扩张。这个扩张由公式

$$ds = \frac{1}{1 + \frac{x^2 + y^2 + z^2}{4K^2}} \sqrt{dx^2 + dy^2 + dz^2}$$

确定，这里 K 又是所求的超球的半径，其超球面是我们要占有的。这一公式说的是由坐标改变量（dx，dy，dz）所产生的距离的改变量

$$\frac{1}{1 + \frac{x^2 + y^2 + z^2}{4K^2}}$$

在点（x，y，z）处大小将与在原点处的大小一样。换一种说法，在点（x，y，z）处的坐标改变量所产生的距离改变量是在原点会产生的一个坐标改变量的

$$1 + \frac{x^2 + y^2 + z^2}{4K^2}$$

倍那么大。再说，这意味着如果我们把某个固定大小的物体从原点移动到点（x，y，z），那么这个物体相对于我们的坐标系的大小必定增加。特别是这个物体的大小必须增加得足够快，因为要在有限的时间内能够到达并通过无穷远。

如果我们取我们的宇宙半径为一个虚数，譬如说 i，一个有趣的情况发生了。首先考虑 2 维的情况。如果 K=i，那么 K^2=−1，于是我们得到

$$ds = \frac{1}{1 - \frac{x^2 + y^2}{4}} \sqrt{dx^2 + dy^2}。$$

具有距离的这一定义的平面称为平伪球，这里一个伪球是一个虚半径的球，不管这意味着什么。

正如当 K 是实数时那样，在原点处的可度量的扭曲是不存在的，这就是说，在（0，0）处 $ds=\sqrt{dx^2+dy^2}$。当我们离开原点时，这里会发生什么情况呢？随着我们向以圆心为原点、半径为 2 的圆靠近时，x^2+y^2 就接近于 4，ds 的表达式中的分母就趋近于零。这意味着随着你接近图中的圆，即使（dx，dy）很小，ds 也变得很大。这可以假想当一把一码的尺子靠近这个半径为 2 的圆时，它会很快收缩，使图 69 中的 0 和 2 这两个点之间的距离是无穷大！

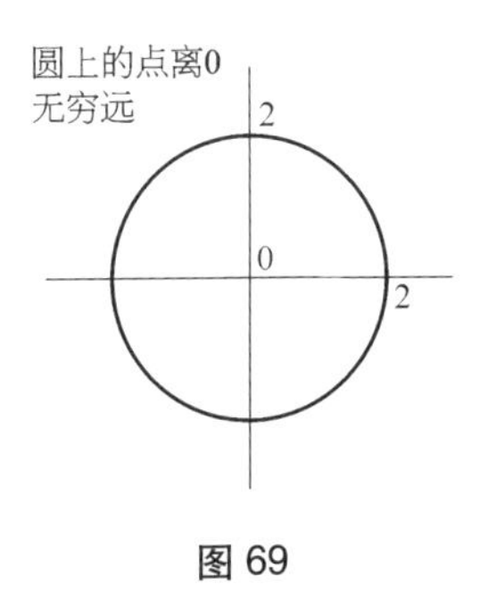

图 69

圆外的情况甚至变得更为怪异了。这里所有的 ds 都是负的。圆外任何两点之间的距离都是一个负数。此外，如果 P 是圆外一点，那么 P 到无穷远的距离是某个有限的负数，而 P 到这个圆的圆周上的任何点的距离都是无穷大。

在我们开始试图描绘出在这种情况下的测地线是怎么样的之前，让我告诉你（在 3 维的欧几里得空间内）不存在像球面对应于平球面同样的方式与平伪球对应的弯曲的面。（这一点希尔伯特在 1901 年已经证明了。）用具有确定 ds 形式的一个张量值函数的欧几里得平面表示一个曲面这一见解属于黎曼，这一见解比用 3 维空间中的一个扭曲的平面表示一个曲面的见解实质上要丰富得多。在我们的 3 维空间中真实的伪球是不存在的，但是我们能够用上面的 ds 的公式解析表示它。

让我们把注意力局限于以原点周围半径为 2 的圆的内部的平面区域，虽然在用正规的欧几里得度量时，这一区域是有限的，但是用伪球的尺度度量时，这一区域似乎是无穷大。这与前面提到的球面的度量相反，这一球面的度量使整个平面似乎是一个有限的区域，虽然这一平面在正规的欧几里得度量下是无限的。

就像我们用认为当尺子离开原点运动时会增长的欧几里得3维空间表示球形的3维空间那样，我们也能够用一个正规的欧几里得3维空间的球的内部表示一个伪球的3维空间，此时我们认为尺子离开欧几里得3维空间的球的球心向球的表面移动时会收缩。如果尺子收缩得足够快，那么球心到球面的距离似乎将是无穷大。于是，你可能有一个每个方向都可以任意快地无限延伸到你能说出多大就多大的宇宙，但实际上这只是一个网球内部的3维空间。这就像当一个物体离开这个球的球心时，这个物体的什么都已经收缩了，就是这么回事。这就像一个古老的悖论：你永远不能离开你所在的房间，因为你必须走一半距离，然后走余下距离的一半，然后走再余下距离的一半，直至无穷（图70）。但是如果你每一次走距离的一半，你就以 $\frac{1}{2}$ 的因子收缩，那么这无穷多步中的每一步将是这个同样的距离，譬如说，对你来说是3英尺。你实际上是走不出这个房间的。

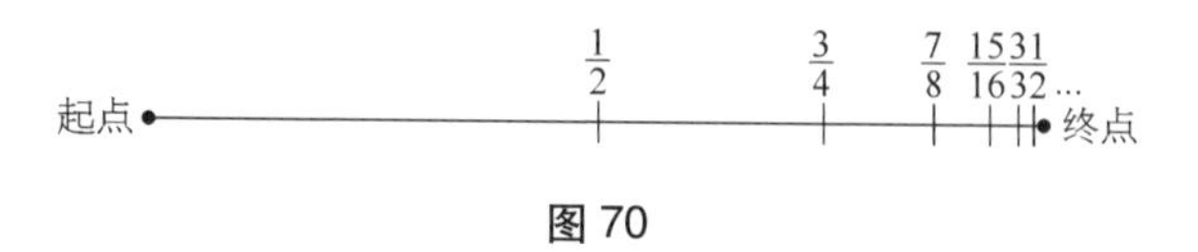

图70

伪球空间是负弯曲，这与正弯曲的球面空间相反。现在回到平面的版本，测地线是什么模样的呢？让我们就考虑平面在半径为2的圆的内部的这部分，其距离为前面那样的

$$ds = \frac{1}{1 - \frac{x^2 + y^2}{4}}\sqrt{dx^2 + dy^2}。$$

原来测地线就是与半径为2的圆相交成直角的一段圆弧。

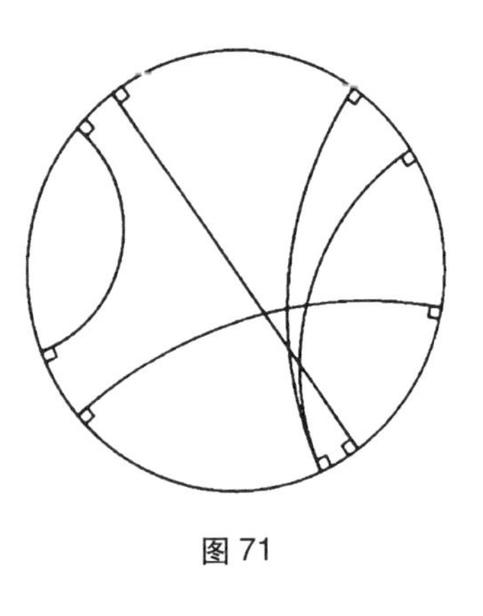
图 71

图 71（属于庞加莱）是我们具有的双曲几何的最佳模式之一。例如，注意到经过给定的一点 P，有许多线与一条给定的直线 m 不相交是可能的。

前面我们讨论了在球面上的一个二维居民如果沿着任意一个方向走得足够远，并将返回出发点的方法。现在我们考虑他能返回，但却是他的镜像……那样的一种不同的二维世界。

在图 72 中所描绘的曲面称为默比乌斯带。这是很容易做成的，只要取一张纸条，然后将两端按相反方向拼接即可。图 73 就表示这个意思。

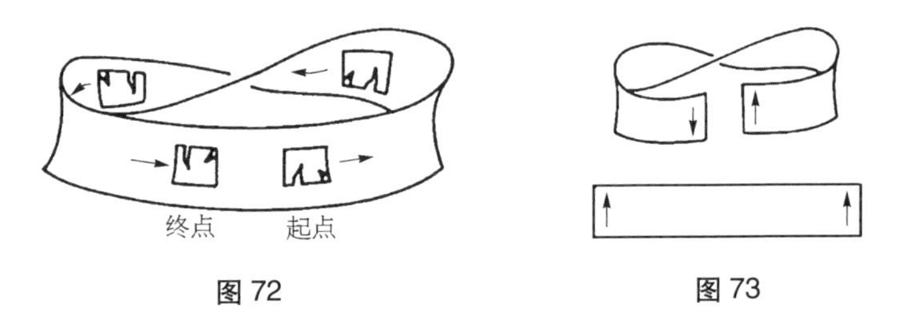

图 72　图 73

注意，当 A.正方形绕着默比乌斯带滑动时，他确实转为他的镜像。他返回时，他是在这张空间的纸的“另一面上”出现的，这种说法也许是很诱人的。但是如果他的空间的确是 2 维的，那么是不存在是一面或者是另一面这样的事情的。就一张默比乌斯带而言，观察这一点的方法是假定 A.正方形是用浸透纸片的墨水画的。

当然，说二维世界是默比乌斯带的表面并不自然。因为默比乌斯带是有边界的，没有一个人的空间应该有边界。假设一个场地能引起任何二维世界居民向边界移动时收缩，再收缩，那么我们可以使边界变为不能到达。但是有一个更好的方法。

图 74 所示的曲面是一个克莱因瓶①。在理论上是这样构造的：取一个圆柱，然后将两端按相反方向拼接（图 75）。

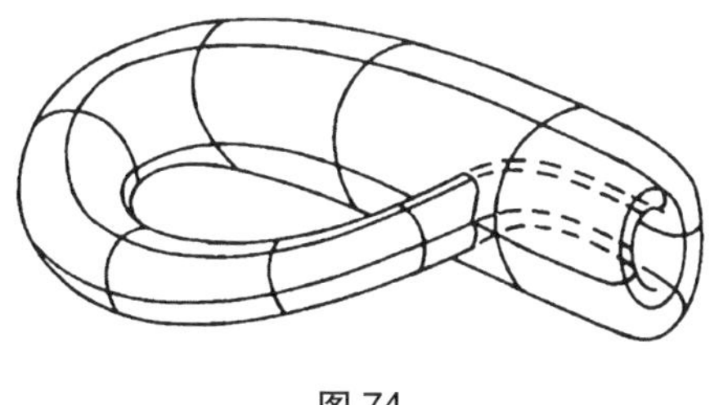

图 74

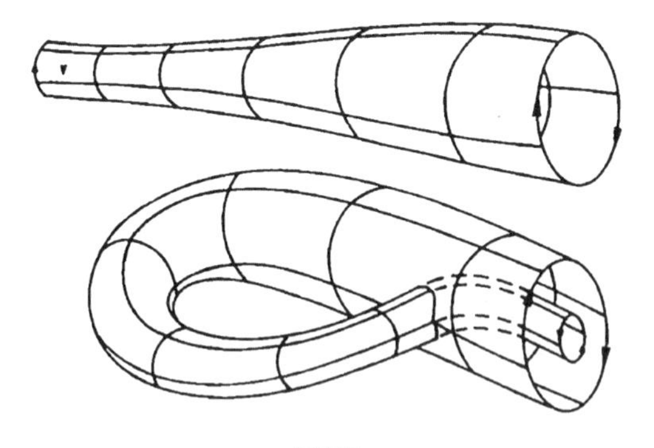

图 75

试图在 3 维空间内制作一个克莱因瓶是一件错误的事，那就是必须有一个与本身相交的曲面。我们必须假设在这个曲面上移动的一个物体能够自由地通过这个瓶穿过本身的“墙”。

在 4 维空间内制作一个完美的克莱因瓶是可能的。为了看清这一点，想象一下尝试制作一条默比乌斯带的二维世界居民。为了能以相

① 克莱因瓶的图取自希尔伯特和康福森（S. Cohn-Vossen）的 *Geometry and the Imagination*（Chelsea Publishing Co., N.Y., 1952），p.308。

反方向拼接这一条带的两端，他们必须经过像图 76 那样的过程。当然，如果存在可以穿插的三个维度，那么你从这条带子的右端的平面中取出左端，翻转后返回平面，然后拼接起来。

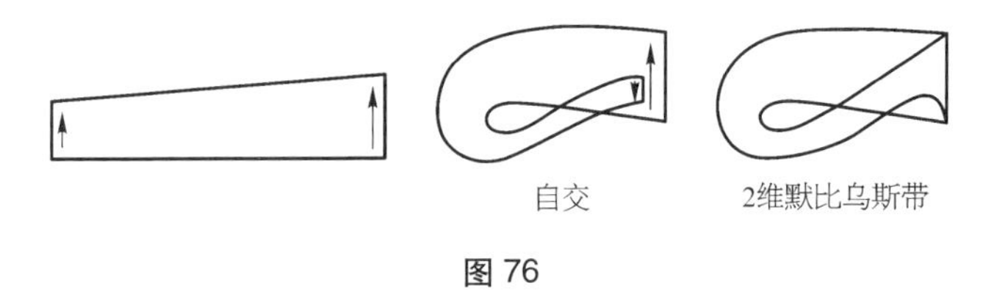

图 76

用同样的方法，我们可以在 4 维空间内从右端的空间移动左端，“翻转”后返回到右端的空间，然后拼接起来。你可以尝试一下观察 4 维空间内的光滑的克莱因瓶，只要考虑拉动一个 3 维克莱因瓶的圈，直到自交的区域消失为止。

注意到如果 A.正方形在一个克莱因瓶上生活，那么他在某个方向上的移动将会不发生镜面转换就把他带回到起点，但是在其他某些方向上的移动将会以镜面转换把他带回。这就是如果我们的空间是向着 5 维空间中的一个克莱因超瓶的超曲面弯曲的话将会发生的情况。

第三章的问题

（1）假定各个星系在空间是均匀分布的。如果我们的空间是欧几里得空间，那么对于任何 r，离我们的银河系的距离为 r 的范围内星系的个数将是某个固定的常数的 r^3 倍。如果我们的空间是一个超球的超球面，那么情况会如何呢？

（2）假定我们的空间是超球的，一队空间飞船以各种不同的方向直接离开地球。这些飞船在何处再第一次相遇？

（3）假想有一个球面镜（像圣诞树的装饰那样），再假想镜面外的整个宇宙被反射到其内部。当一个人离开镜子向无穷远移动时，他的像向镜面中心移动，一直在收缩。如果你真实地生活在这种镜面世界内，那你会注意到什么呢？

（4）有时候人们说，如果一个物体进入一个强大的引力场（例如，太阳表面附近），那么它就会收缩。你能否想出表示这一事实的一种方法？这种方法允许你说当物体运动时实际上没有收缩或者放大。

（5）有人提出镜面翻转的物质可能是熟知的反物质的东西。因为反物质与正常物质相结合就会爆炸，所以反物质是容易注意到的。现在回忆一下以一个方向绕着克莱因瓶移动将会引起二维世界的物质转变为其镜像，但是以另一个方向绕着克莱因瓶移动就不会这样。如果要我们观察反物质只是从空间的某个方向坠入到地球上，我们可以作何种假设？

（6）想象二维世界是一个在0点处有一个热源的大理石球面。可以说是二维世界居民和他们的测量仪器在受热时都经受膨胀。A.正方形会将二维世界的空间在0点附近的弯曲看作是正的，还是负的？

第四章

作为更高维度的时间

我在写本章的时候，一只苍蝇在我的办公桌旁嗡嗡作响。现在差不多是冬天了，它想进来取取暖，吃点残羹剩菜。当它在运动时（现在我们在写关于它的事，它就像在进行一场表演），我实际上没有看到正在运动的一个黑的东西。然而，我看见的是它在空间留下的踪迹（图 77）。

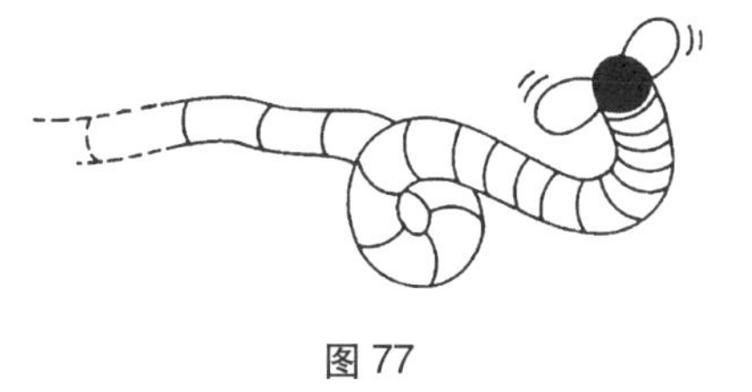

图 77

这里稍作停顿，把你的右手在一个复杂的 3 维模式中挥舞一下。看看这些踪迹。这些踪迹是在什么意义上存在的呢？如果你的手同时在它的每一个位置上会是什么情况呢？如果你将手从鼻子处移向耳朵，然后移回鼻子会怎么样呢？——为什么原来在鼻子处的手没有挡住后来在鼻子处的手呢？

我们在本章中希望拓展的观点是，所有的 3 维物体实际上都是在 4

维时空中的轨迹。“空间”是时空的相当任意的3维截面，我们想象它向其余的维度即“时间”的方向上向前运动。

那么第四维是时间吗？那不一定。你仍然可能有4个维度——譬如说，你生活在其中的3个维度，还有一个维度将空间在这个方向上弯曲，然后将时间增添为第五个维度。将时间看作为一个更高的维度是可能的，也是有用的，但是读者不应该急着得出结论说，不管我们何时谈起一个更高的维度时，我们指的就是时间；如果你坚持认为第四维只是时间的话，那么我们概述的第四维的许多想法就不再成立了。在纯4维空间一些可能的事情在4维时空中就不可能。

为了在我们的头脑里得到一个很好的时空形象，让我们回到二维世界。假定A.正方形独个儿坐在一块地上。中午时分，他看到父亲A.三角形从西边走近。A.三角形到达A.正方形的身边是12:05，对他简短地说了些话，然后滑回原处。现在，如果我们把时间看作是垂直于空间的一个方向，那么我们就可以将二维世界居民的时间表示为垂直于二维世界所在平面的一个方向。假定了“在时间上的后来”与“在第三维中的较高”是同一回事，我们就可以用一条竖直方向的蠕虫或轨迹表示一个静止的二维世界的居民，用弯曲的蠕虫或轨迹表示移动的二维世界居民，如我们在图78中所做的那样。

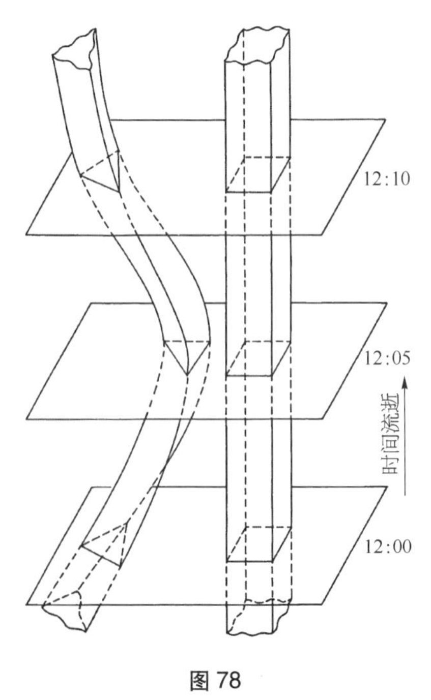

图78

我们可以将3维时空的蠕虫看作为没有时间的存在。我们取一个2维平面，将该平面向上移动（时间向前），并注视由蠕虫与移动平面的截面形成的图形，可以用来产生一个有活力的二维世界。试图想象一下像图78那样的包括二维世界的整个空间和时间的一个图景。这是一大团厚度不断变化的蠕虫啊！实际上，每个蠕虫将都是一团线，其中一条线对应一个原子的轨迹。给出一个身体中的每一个原子每七年左右被替代这一事实后，我们就能够看出实际上不存在贯穿一生的整个长度的单个的线。一个活的个体是一个永恒的样式，并不是各个粒子的特定的集合。

设法以时空的术语观察我们的世界是一个有趣的智力测试。例如，一个人在穿过人群时，可以尝试将人看作为时空中的轨迹，而不是在时空中向前移动的占有位置的物体。在这一观点下，组成我们的世界的东西实际上是4维时空中的“蠕虫”。任何瞬间的宇宙都是这个4维结构的一个特定的3维截面。

如果我们企图接受我们的宇宙是一个静止的时空模式这一观点，那么引出的一个问题是，“如果过去和未来确实存在，那么为什么我们见不到呢？引起我们感知自己在时间中向前移动的是什么呢？”换句话说，如果我们取图78中的两条蠕虫，让它们静止地存在，这似乎没有为A.正方形提供在时间中前进的感觉。人们可以假设我们取这些静止的时空蠕虫，然后将一个鲜亮的空间截面向上移动来表示A.正方形的感知，但这似乎是有点人为的。因为如果过去和未来在这个不变的时空王国里共存的话，那么每一个截面难道就永远不被照亮吗？但是我们的确感到时间在消逝。

如果我们真心诚意地接受世界的这一时空观，那么问题来了，“引起时间流逝的幻觉（illusion）是什么？”各种各样的人都对这一问题提出质疑。其中最著名的是帕克（D. Park）在弗雷泽（J. Fraser）的文集中的文章“时间流逝的神话”（The Myth of the Passage Time）。帕克的想法就是我们实际上是在我们生命的每一瞬间。过去和未来历史的每一时刻都永恒地存于4维时空的框架之中。时间流逝的幻觉是宇宙结构的一个结果；特别地，这种幻觉是一个事件的记忆踪迹永远处于一些时空点上这一事实的一个结果，这些点的时间坐标的值大于这一事件的时间坐标的值。这一事实不能解释，它只是宇宙的一个能观察到的性质。也就是说，你打算对一些想法或事件的记忆只是在时间上总“晚于”这些想法或事件出现的时间。个体的生命蠕虫上的每一点是用比较记忆的方法找到它相对于生命蠕虫上其他点的位置。我本人在先前画的图78中依然存在的论断中并不存在悖论。我将永远画这张图，键入这一句子，直至生命终止。你的生命的每一瞬间永远存在。时间没有过去。你可能会争辩说，“瞧，我们知道我现在的确存在。过去已经消逝，未来还未存在。如果过去存在的话，那么我将可能把感知跳回到五分钟之前。”但是，往后或往前跳跃的感知是不存在的；你永远感知你的生命的每一瞬间。五分钟前的感知是不可改变的。即使要说“跳回五分钟”是有意义的，即使做到这一点有些可能；那么你不会注意到你已经做到一点的！因为如果你返回到你五分钟前的身心，那么你对曾经到过的未来是不会有记忆的。你会想到同样的想法，并做出同样的动作。你可以一再跳跃回去，阅读本章50遍，却没有注意到。我认为“往回跳”这一想法是没有意义的。因为这一想法蕴含着包括感知的意思，这种感知“照亮”着时空的一个特定的运动截面——这就是我一直反对的幻觉。

是否存在比我们的生活蠕虫的各个点更适合我们的任何另外一类感知呢？是否确实存在于静止的时空中，而不是在运动的空间中的感知的任何方法呢？这样的感知是这一神秘问题的目标。瑜伽的实践者谈及的是永生和自由，对永恒的现在的感知，以及时间的超越。他们是否在谈起对时空不变的世界的直接感受呢？一些报告表明在深思中度过的一段时间被回忆为一个实质上无时间的阶段。事实上，摆脱时间消逝似乎是可能的。这样的“照亮”的实际经验在一般的感知状态下通常是不可能完全回忆起来的。这是否意味着这样的感知状态提供一个直接通往时空世界的窗口呢？也许是这样，但也许不是。“无时间”感觉的生成只是像下面玩的一个鬼把戏那样是可以争议的。我们注意到时间正在流逝的方法是感知的每一瞬间与刚才的感知及即将的感知是不同的。这是因为我们总是在思考新思想，关注新事物。现在，一个人进入瑜伽的催眠状态的技术是停止思考新思想。无论是全然不思考（这并不容易！），还是将注意力集中于一个重复的思维圈［例如，一个像当前流行的达斯（B. R. Dass）——出色的瑜伽入门书《活在当下》（*Be Here Now*）的作者的“Nam myoho renge kyo”或者“Om mane padme hum”这样的“咒语”］都已经做到了。如果现在你什么都不思考，那么就无法区分这一瞬间与上一瞬间或下一瞬间。如果你在念咒语，那么就无法区分这一次重念与上一次重念或下一次重念的不同。于是这两种智力测试都导致没有时间的感觉（图 79）。这里让我插一句话，不存在东方特别使用的咒语；“Hail Mary”也许是西方最广泛使用的咒语。现在，这些无时间的感觉是令人高兴的，也是有价值的，但这些感觉真的是 4 维感知吗？也许不是，但是这些感觉对于激发一个人拓展一个 4 维感知确实是占第一位的。

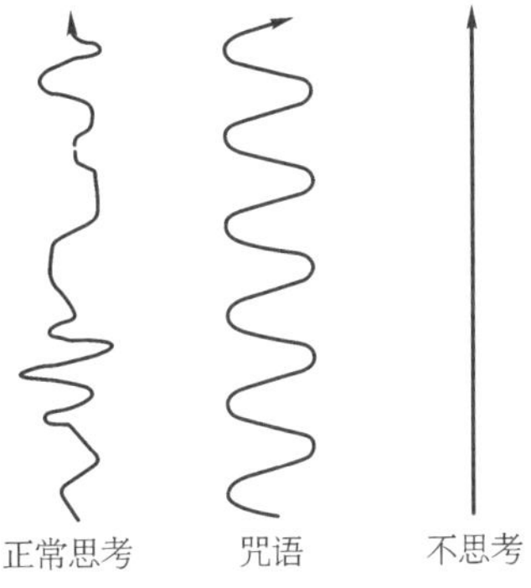

图 79

拓展一个时空感知的另一个招数在卡斯塔内达（C. Castaneda）的《一个分隔的现实》（*A Separate Reality*）一书中有描述，这是一个名为唐望（Don Juan）的墨西哥印第安人的报道，他试图向卡斯塔内达传授或者演示解释现实的一种新方法。该书中的一些结果给人的印象是唐望实际上在试图教会卡斯塔内达在时空中看东西。唐望所安排的测试之一是卡斯塔内达应该注意声音而不是场景。也许这听起来并不重要，但实际上文明人是高度受视觉导向的。我们所接受的信息（例如印刷的文字）大部分是通过眼睛接收到的，相反地，譬如对于一个原始的狩猎者来说，他在很大程度上是依赖于耳朵（例如，部落的喊叫声和野兽发出的声音）。关于我们耳朵的趣事是耳朵的感知是时间结构，而不是空间结构。换句话说，你不可能用耳朵的“一刹那”就听到房间里发生什么。听到发生什么是需要时间的。例如，注意到你听收音机里的一首歌的方法。你不能一次听歌曲的一个音符。你听和声、进行曲、渐强乐等等。你感觉到的是时间结构。

以历史的视野观察事件是接近一个时空世界图景的另一种途径。也就是说，如果你记住在五分钟前、五小时前、五年前的情况，作为一个空间结构，你可以变得越来越认识自己。当我们实际上似乎回到一件过去的事件的场景时，甚至会出现一些强烈回忆的时刻。至于争论，阿根廷作家博尔赫斯（J. L. Borges）在冠以“时间的一个新的辩驳”（A New Refutation of Time）为名的自相矛盾的短文中说，当你重建一个特定的感知状态时，你实际上回到了存在于你心中的感知的原来状态的时刻。

现在让我们来讨论自由意志的问题。对于一切时间和一切空间都能够囊括于静止的时空结构中的见解，一个共同的异议通常认为未来似乎并不完全是由直至这一瞬间才发生的事情所确定的。而感觉就是我们果真从我们面临的行为的各种可能的进程中进行选择，因而未来不可能已经存在。

对于这一异议的容易的回答是主张我们没有自由意志，对此可以提出一个很好的理由。无论谁在何时做出一个出人意料的动作，我们立刻提出的问题是，“你为什么这样做?”这一问题所暗示的是我们相信一个人的动作总是有理由的，实际上，他并不具有自由意志，只是应付来自内外的压力。

这一回答不完全令人满意，因为似乎存在完全不能预料的多种选择。一些小小的选择，例如，先穿哪一只鞋似乎是随机的，没有预先规定的方式。在物理学中，有不少事件似乎基本上是随机的。例如，你有一个铀原子，甚至在原则上是无法预测它在下一个十秒钟内是否将衰变，是否将发射 α 粒子。如果我们不能预测的话，那么这怎么能够在时空中已经被确定了呢?

好，为什么不能呢? 毕竟，预先确定并不意味着可预言性。未来的一切都可能已经存在，包括发生不可预测的小曲折。尽管如此，这种状况还是有些不令人满意的。感觉是，如果不存在迫使铀原子在下一个十秒钟内衰变与否的因素，那么这两种情况都应该是可能出现的。但是，如果未来已经存在，那么未来做到两种情况实际上并不可能。要么铀原子将要衰变的情况下实际上不可能不衰变，要么铀原子在将不衰变的情况下实际上是不可能衰变，尽管我们不知道这一点。是否存在设定这个宇宙的某种方法，使不同的可能未来是真实的可能性，而不是理论上的概率呢?

是的，是存在的。这一想法是我们能够用一个有分支的宇宙作出的。该想法是由若干物理学家严肃提出的（见 DeWitt, ed., *The Many-Worlds Interpretation of Quantum Mechanics*）。为了得到该想法的一个图像，让我们从零维空间，即只有一点组成的空间点世界（Pointland）着手。现在我们说这一点能够在每一秒末决定在下一秒内是否发亮。现在，如果我们画这一点的生命蠕虫，我们就得到一条向上的线（时间向前），在某些一秒的间隔内发亮，在某些一秒的间隔内变暗（图 80）。因为这一整条线存在于时空中，所以我们可以得出结论说，这一点关于它在每一秒末决定在下一秒是否发亮的感觉只是虚幻的。

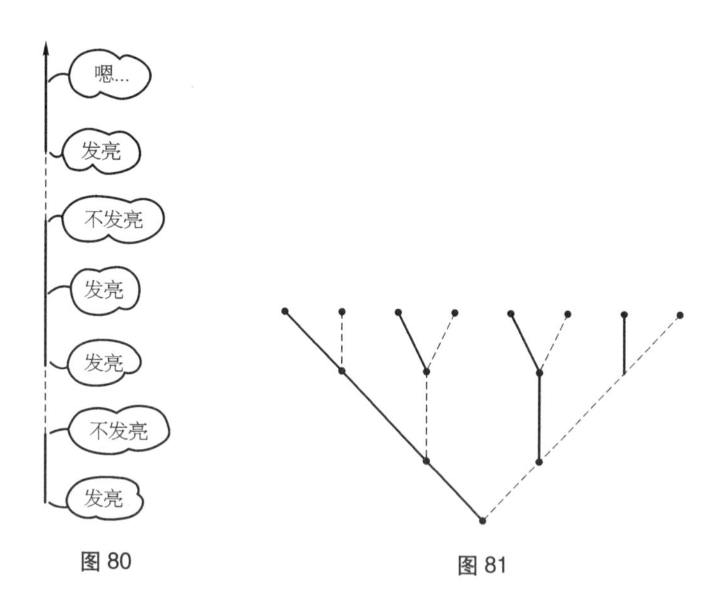

图 80　　图 81

为了使该点的种种选择是真实的，它的世界线在每一次作出它发亮与否的决定时都分成两部分是必要的（图 81）。也就是说，它的一切可能的未来实际上都是存在的。将只有经历其中之一的幻觉，但事实上经历每一种可能的生活有许多种。这些“自身”的每一种都将有独一无二的幻觉，将明智地选择一个特定的亮与暗的序列的幻觉，将感到其自由意志在许多可能的宇宙中只有一个能够实现。事实上，一切可能的宇宙都将存在。

如果接受我们能够见到的我们自身的宇宙的这一“分支宇宙模式”，那么我们就能见到存在对于我们的宇宙的个数惊人的分支。因为每一次某个未决定的量子事件在一个原子内发生或不发生，宇宙就分为两个分支。即每一秒出现的许多新的分支！那么每一个可能的宇宙会都存在吗？譬如说，是否存在你是超人的一个宇宙？肯定地说，为了使你飞行，你体内的所有原子必将在同一时间内一致地在各自的随机波动过程中向上运动。难以相信的是，这并不是不可能的！举一个较为现实的例子，考虑由量子力学的奠基人之一薛定谔所描绘的所谓“薛定谔猫”的悖论。

一只猫咪待在一间房间里，房间里有一个装有氰化物气体的密封的玻璃瓶。一把锤子紧靠着瓶子，且与盖格计数器（用于测量放射性）相连，盖格计数器紧靠着少量的铀。锤子与盖格计数器匹配，如果一个铀原子在中午 12:00 和下午 12:01 之间衰变，那么盖格计数器将会感受到，引起锤子敲碎瓶子，于是毒死猫咪。悖论是这样说的，譬如说直到晚上 6 点左右我们回到房间，观察猫咪是否活着，此时说猫咪肯定是死亡或肯定活着，在物理上是没有意义的（根据量子力学）。存在某种可能性，即一个原子在中午以后的这个关键的一分钟衰变，直到我们对实际上发生什么进行观察之前，这两种可能的世界具有某一种理论上的存在。这种不确定性的产生是因为量子力学的定律只描述某种随时间流逝的概率的演变；离开量子力学的概率空间对一次特定的观察得到的量并不是以任何确定的方法能解释的现象。

埃弗雷特（H. Everett）对这一情况的结论［他的附有评论的论文出现在德威特（De Witt）的书中］是坚持认为在量子力学的概率空间中的每一种状态是真实存在的：存在一个猫咪生存的宇宙和一个猫咪死亡的宇宙，我们一分为二，进入两个宇宙。对于这样一个有分支的宇宙，我们将需要多少个维度呢?

在某种意义上说，我们似乎只需要 5 个维度：3 个空间维度，一个时间维度，还有一个维度在宇宙可能形成分支的方向上。另一方面，如果我们把由任何一个粒子引起的分支看作是与由任何另一个粒子引起的分支互不相关，那么对于宇宙中的每一个粒子我们就需要有一个维度——即有许多个维度。

当我们开始将时间看作为一个静止的维度时，我们讨论了拓展一个时空感知的思想。是否可能在某种程度上有任何机会感受到埃弗雷特所假定的所有不同可能的宇宙“确实”存在呢?也许我们以某种方式认识到许多可能的世界，我们将注意力向后和向前从一个世界转移到另一个世界。有一天每个人都爱你，第二天每个人都恨你；前一分钟一切都是爱，下一分钟什么都是弯曲的时空；你透过树林看到蔚蓝的天空，阳光闪烁，你看到以天空为背景的绿叶。不光是维特根斯坦（L. Wittgenstein）一个人所说的“悲观主义和乐观主义生活在不同的世界里”；为什么不直面这一情况呢?假定我们有一种进入许多可能的宇宙的途径，那么要完全认识它们我们该做些什么呢?也就是说，假定真实的现实是由许多可能的各自的现实组成，我们做些什么才能在整个大事件上作调整而不是在特定的渠道上呢?这将是停止命名、评估、判断、鉴别等参与世界观形成的内在过程的问题。摆脱一个特定的解释体系的唯一方法就是什么都没有。用唐望的话来说（引自卡斯塔内达的《一个分隔的现实》第 264 页），“世界是如此这般如此这般，只是因为我们告诉自己说方法就是这样。如果我们不再对自己说世界是如此这般，世界将不再是如此如此了。此时此刻，我认为你们对如此的重大打击并没有作好准备，因此你们必须慢慢地开始解开这个世界。”

现实是什么？不要在乎！尽管如此，到那里去还是有一半乐趣的。

第四章的问题

（1）如果你说第四维是时间，那么你在时空中构造一个超球是可能的。如何构造？

（2）时空实际上与4维空间并不相同是有一些理由的。例如，在时间中前后移动的能力将会使你进入一个封闭的房间（如何进入?），但是这不能使你不打搅一个人将他的晚饭从他胃里取出（为什么不能?）。

（3）冯内古特（K. Vonnegut）的小说《五号屠宰场》（*Slaughterhouse Five*）是一部关于喜欢以一个杂乱的顺序度日的家伙。例如，首先他经历了1950年，然后是1946年，然后是1956年，然后是1943年，等等。如果你以这样的方式生活的话，你必须注意什么？声称你已经这样做的话是否有意义呢？在冯内古特的书中，这个人物注意到他的跳跃式的生活是因为他的记忆是连续的。也就是说，他在1946年记得1950年的事，等等。事物的这种状态是以什么方式与我们在这一章中论证的时空图景不相容的呢？

（4）如果我们的宇宙的时间确实有分支，那么是否存在你能影响到自己进入哪个分支的任何方法？这是一个有意义的问题吗？有时候人们投掷硬币就是为了得到一个六芒星，在易经中查阅这个六芒星找出他们在进入宇宙的哪一个分支。人们擅长依据易经投掷能改善他的世界吗？

（5）在量子力学中，一个系统（例如一个人）是用希尔伯特空间中的一个“状态向量”表示的，这个“状态向量”编码到它或者他所处的众多可能宇宙的每一个。有时，一个系统的状态向量就像这样的东西：$\langle \frac{1}{10}, \frac{1}{2}, \frac{1}{4}, \frac{1}{20}, \cdots \rangle$，其中各个元素的和是1，每一个元素都表示这样的概率，根据这一概率一次测定（例如测定位置）将在与这个位置所相应的状态中找到这个系统。刚好在实施一次测定，并且你已经迫使这个系统处于唯一的宇宙中之后，一个系统的状态向量看上去是怎么样的呢？

（6）可以断言：只有当我们有某个证据（例如记忆）说事件B发生时，事件A已经发生，我们就是在证明事件A在事件B之前发生。那么，你的想法是否在时间上一定是线性有序的呢？

第五章

狭义相对论

在前一章的第一部分中，我讨论了我们任何时刻都生活的3维世界只是4维时空的一个截面的思想。如果给出了我们世界的现状，那么关于时空的结构我们能推断出什么呢？什么是时空几何？它的度量是什么类型呢？

1905年爱因斯坦在他的论文“论动体的电动力学”中首先对这些问题给予认真的考虑。最早发表著名的狭义相对论的论文就是这一篇。这篇论文是具有相当分析性的，没有一张图。1908年，一位年轻的数学家H.闵可夫斯基发表了一篇论文，他在论文中将狭义相对论解释为关于时空几何的一种理论。这篇以“空间和时间”命名的论文引进了称为闵可夫斯基图表的一类图形。让我将该论文著名的第一节摘录如下。

> 我希望在你们面前关于空间和时间的一些观点是从实验物理的土壤中萌芽的，这些观点的力量就在于此，而且是根本性的。因此，空间就其本身而言，时间就其本身而言，都

注定要渐渐消失在阴影中，只有将二者结合为一才能保持一个独立的现实。

为了画一张闵可夫斯基图表，我们取 xy-平面，并将 x 轴称为“空间”，y 轴称为“时间”。因为只有一个空间维度，所以可将一张闵可夫斯基图表看作是二维世界的时空。在图 78 中我们对一个 2 维空间画了一种闵可夫斯基图表。当然，我们的 3 维世界的一张完整的闵可夫斯基图表要取第 4 维，但是要说明的是一维世界的闵可夫斯基图表足以满足我们的目的（图 82）。

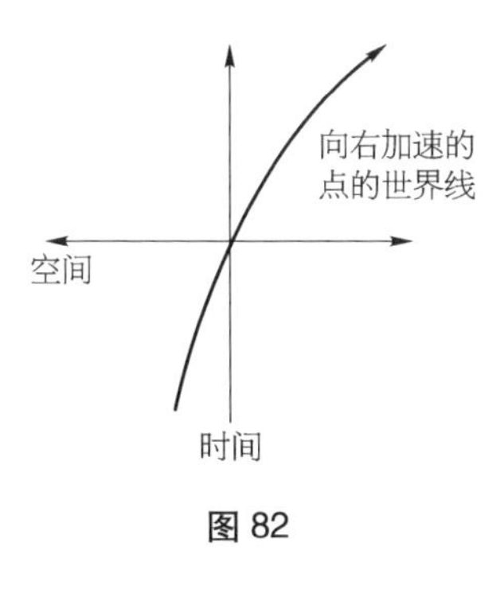

向右加速的
点的世界线
空间
时间
图 82

有一种熟悉的感觉，运动是相对的。如果两艘关闭了发动机的火箭飞船在空旷的空间中漂泊，它们互相以相反的方向掠过，那么就不可能确定它们是否都在运动。唯一能肯定的是它们在作相对运动（图 83）。

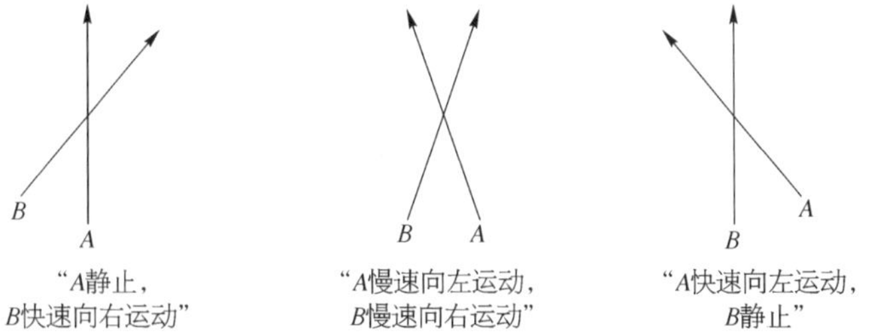

B
A
“A静止，
B快速向右运动”
B
A
“A慢速向左运动，
B慢速向右运动”
A
B
“A快速向左运动，
B静止”
图 83

确定谁在运动是真的不可能的吗？我们由经验知道，没有一个机械的经验会告诉我们，我们是否处在匀速的平移运动的状态之中（也就是说，没有加速度，也没有转向）。于是，例如，如果你以每小时 65 英里的恒速行驶在高速公路上，扔一罐啤酒给在后座的朋友，啤酒罐不会以每小时 65 英里的速度击中他。或者如果当你飞往塔尔萨①参加会议时在狭长的通道里玩一下溜溜球，那么没有必要求出你的飞机的速度，由此适应你玩溜溜球的方式。

但是，也许有一些具有技巧性的实验，利用光线或者一个回旋加速器或者一个附有极其精确的刻度的完美时钟和尺子，它使你能判断你是否在运动。爱因斯坦在他的《相对论原理》中否定说："无论物理系统的状态的变化指的是在匀速的平移运动中两个坐标系中的一个或者另一个，这种状态经受的变化所遵循的法则并不受到影响。"在一些兔子从帽子里跑出之前，我们还需要一个原理，即光速不变原理：无论你何时测量一束光的速度，你将得到同一个数值；无论是你走近光源还是远离光源，都没有关系，并且无论光源向你移动还是远离你，也没有关系。当然，给出相对性原理后，我们就可以从上面这段话中删去这一句，"无论你走近光源还是远离光源，都没有关系，并且"，因为相对性原理是说我们总是可以假定我们是静止的，在我们和光源之间的一切相对运动归因于光源。

一开始要接受光速不变的原理是不容易的。如果你一面向前跑，一面扔出一块石子，那么石子将比你在静止时扔出的要快。所以向着你行驶的一辆汽车的前灯射出的光线难道不应该比在停车场的汽车的前灯射出的光线快吗？让我们暂时接受发光（光的载体）的以太这一概念，这是一种看不见的有弹性的物质，它充满着原子间的空旷空间。于是光线可以看作是在以太中的一种波，与声音是空气中的波，向水中投掷一个物体产生的波极为相似。声音在空气中传播的速度与声源的速度无关。射击产生的高压区域穿过空气的速度与枪支的运动无关。

① 塔尔萨（Tulsa）：美国俄克拉何马州东北部的城市。

一块石块扔入湖中引起的涟漪的传播速度与一块石块掉入湖中引起的涟漪的传播速度相同。于是我们可以假想光线接近我们时的速度不一定取决于光源的速度。

事实上情况就是这样。天空中的繁星相对于我们的速度大小悬殊，但是所有的光线是以同样的速度到达我们的。这是经过实验验证的一个事实。那么好，你可以想象，光速不依赖于光源的速度的原因是光线是以太的振动，它的传播速度只依赖于以太；一旦一个振动传至以太，那么以太并不在乎振源来自何方——它只以通常的速度传播。

但是如果你相对于以太运动——难道光速不应该变吗？如果你以适当的速度在适当的方向上驾驶一艘快艇，你可以保持在两个同样的海浪之间；这样难道你由于通过以太离开光源运动而不能至少减慢一些光速吗？相对性原理说，你远离光源的运动与光源远离你的运动是没有区别的，我们（根据观察）知道这并不改变光速，所以必定是相对于以太的运动不改变你观察到的光线的速度。所以以太要比我们想象中的更不具体；确实，这并不是与我们能有的一个运动相关的事情。要指出的是如果我们将以太看作为一个理想的时空，而不只是一个理想的空间，那么我们不会招致麻烦。

不管怎么说，光速究竟是什么呢？通常用常数符号 c 表示。要指出的是光速大约是每小时 10 亿英里。为方便起见，我们假定 c 恰好是每小时 10 亿英里。在闵可夫斯基图表中的空间轴和时间轴的尺度通常调整为光线的斜率是±1。因此，如果我们的空间单位是 10 亿英里，时间单位是 1 小时，那么光线以每小时 10 亿英里的速度传播（图 84）。

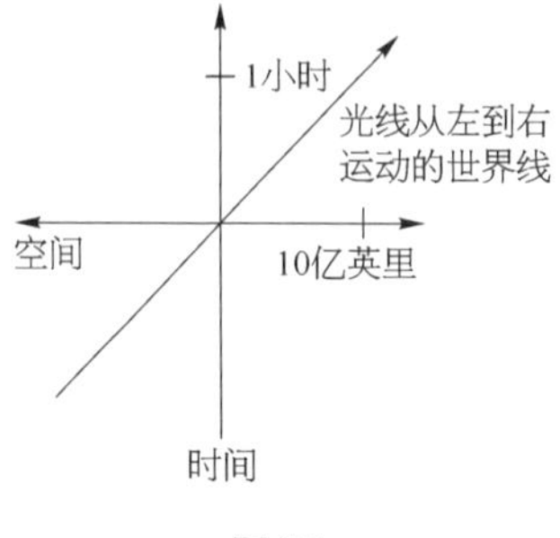

图 84

在相对论的世界观中，时空是一种绝对背景，我们将时间和空间的独特的观念投射在这一背景上。时空中的“点”称为事件。一个事件就是时空中的一个特定的位置。你的出生是时空中的一个事件；我键入这一段句子是时空中的一个事件。将时间和空间坐标分配给时空中的事件是没有更好的方法的，但是光线的轨迹给时空提供一种内置结构。也就是说，无论是否存在连接两个事件的一束光线，不同的观察者会对某些事情的观点可能不一致，这都没有关系。如果事件 A 是一颗氢弹在月球上爆炸，事件 B 是你注意到月球上有一道闪光，那么任何观察者都不能否定实际上存在连接事件 A 和事件 B 的一束光线这一事实（图 85）。关于光线的真正有意义的事还是每一个观察者都认可光速。

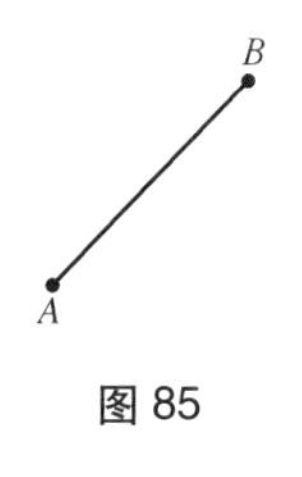

图 85

现在让我们来看看这是如何影响同时的定义的。假定有一个很长的平台（譬如一列火车）快速向右运动。设有一个观察者 O 站在平台正中说在平台的两端都有一颗小炸弹（图 86）。这两颗炸弹即将爆炸，O 要确定这两颗炸弹是否同时爆炸。也就是说，他希望知道左边的炸弹爆炸这一事件和右边的炸弹爆炸这一事件是否有同一个时间坐标。O 说“如果我在同一瞬间看到两个爆炸的闪光，我将下结论说这两颗炸弹同时爆炸”，这似乎是很有道理的。因为两颗炸弹离我的距离相同，所以只有当两道闪光同时发生时，这两道闪光同时到达我处。但是要注意，如果 O 同时感受到这两道闪光，那么我们将认为左边的炸弹先爆炸是必定的。我们是有理由的，因为他远离左边的闪光，迎向

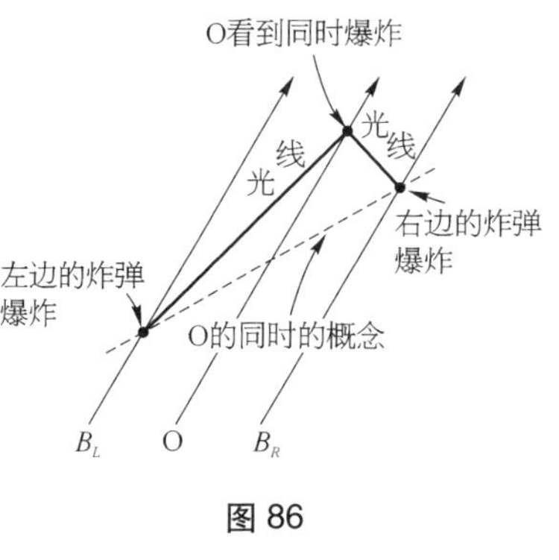

图 86

右边的闪光运动。为了使左边的闪光到达他与右边的闪光到达他是同一时间，所以左边的闪光必须先发出（图 87）。当然，O 可以自由地认为自己是静止的。根据狭义相对论，他的同时的概念与我们的概念都是有效的。O 用一种与我们不同的方法将时空分成时间和空间。我们是将时空看作是在时间方向上堆积的一个个连续的水平的空间截面。只是如果有人相对于我们运动，那么他的时间方向是不同的，他对如何将这堆截面切割成空间截面（一个空间截面是同时发生的各事件的一个集合）的想法也是不同的。第一个区别并不足为奇；当然，如果他在运动，那么他的时间轴肯定可以与我们的不同。毕竟，你的时间轴是空间坐标为零的所有事件的集合，如果你假定你静止在空间的原点，那么你的世界线将是你的时间轴。

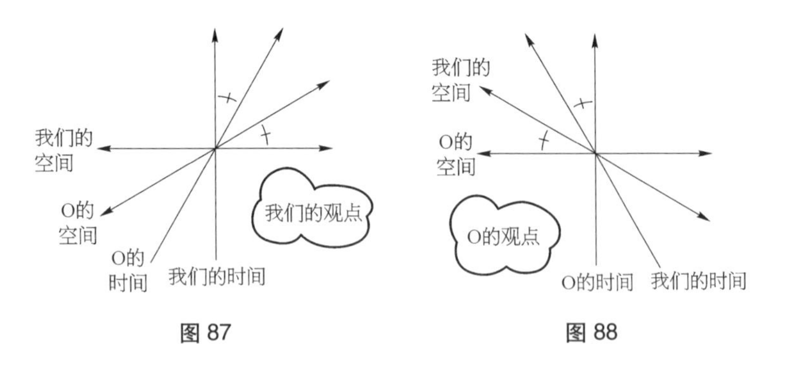

图 87　　图 88

真正奇怪的事是随着你的时间轴的改变，你的空间轴也随之改变。要说明的是你的空间轴和水平轴的夹角与你的时间轴和竖直轴的夹角相同。我们应该记住，不存在确定哪一个坐标系是“正确”的方法。“正确”的坐标系这样的事情是没有的；将时空任意分割为时间和空间同样是随意的。于是，在 O 的图 87 的版本中，他的坐标轴将是正交的，而我们的坐标轴将是斜交的（图 88）。

要点在于声称遥远的两个事件是同时的还是不同时的，从字面上看是没有意义的。同时并不是时空的一个固有性质；它只是我们在将4维时空分为沿着一条时间轴分布的一个连续的3维空间时我们所感受的一种人为现象。

同时这一概念是一个重要的概念。让我们再讨论一下。如果你接收到某个事件的光信号，你如何确定该事件实际发生的时间呢？光速是一个常数，对于每一个观察者都是每小时十亿英里，这就给我们提供了时间和空间之间的一个转换因子。也就是说，如果你接收到一个来自我们知道的十亿英里外的地方发出的光信号，那么你就可以下结论说这个信号是在一小时前发出的。但是，如果你远离发出信号的地方运动，那么情况会怎么样呢？爱因斯坦说，没有这样的事。一个光信号一到达，你就可随意假定携带光信号的以太在跟你一起运动。你不必说明你在相对于光源运动。如果你知道如何说明你已经知道你在运动，这与相对性原理矛盾。你已经知道，光源是否远离你移动，那么不会有任何差别，因为光波是一个“忘记自己来自何方”的过程，你可以随意将光源归为你相对于光源的任何运动。所以，如果你以大约一半光速远离闪光源移动（按照画这张闵可夫斯基图表的人的角度），那会发生什么情况呢？你将如何确定事件 X 发生在你的世界线上的哪一点呢（图89）？

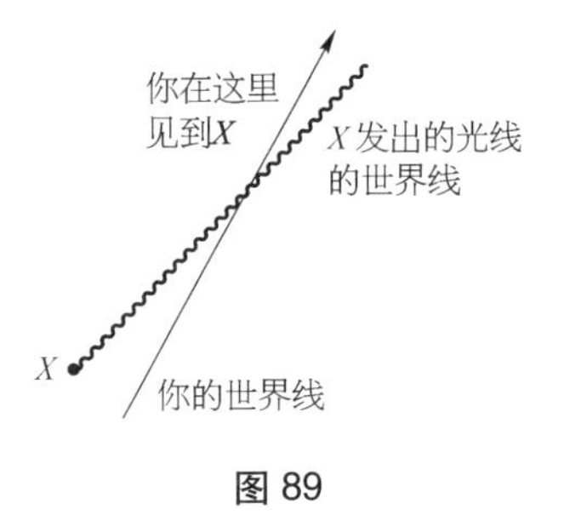

图 89

我们有两个指导原则：相对性原理和光速不变原理。你必须做的事情是在你的世界线上选取某个事件 T，并且说“X 与 T 同时发生”。例如，T 也许是在你的手表上读出中午12点钟的事件。把你看到从 X 发出的光信号时的事件称为事件 S（图90）。

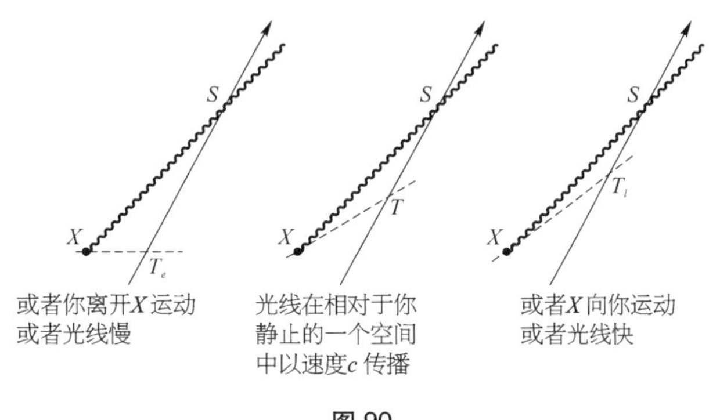

图 90

现在，必须这样选择 T：X 与 T 之间的空间间隔等于 T 与 S 之间的时间间隔的 c 倍。如果你选取稍早的时间 T_e，那么从 X 发出的光线要花一个较长的时间通过一段较短的距离，你将不得不下结论说，（a）我正在远离空间位置 X 运动，或者说（b）从 X 发出的光线以小于每小时十亿英里的速度向我靠近。类似地，如果你选取稍晚的时间 T_l，那么你将不得不下结论说，（a′）我正在向空间位置 X 运动，或者（b′）从 X 发出的光线以大于 c 的速度靠近我，因为此时光线在一段较短的时间内传播一个显然较大的距离。

注意结论（a）和（a′）违背相对性原理，借此你永远可以假定光线穿越一个相对于你静止的以太；也就是说，你可以假定你相对于任何给定的事件是静止的。另一方面，结论（b）和（b′）违背光速为常数的原理，这说明每一个观察者必须感受到每一条光线的速度是相同的。

所以，现在我们可以看到如何在任何直的世界线上寻找事件 T 了，在那条世界线上运动的一个个体必须相信这个事件 T 与给定的事件 X 是同时的事件。你画一条从 X 出发的光线的世界线，记住光线的世界线永远与水平方向成 45°角。求出光线的世界线与参照世界线的相交处的事件 S。在参照世界线上取一点 T，使距离 XT 等于距离 ST。T 就是一个在参照世界线上运动的人必须推出的与 X 同时的事件。实际上，只要取 XS 的垂直平分线与给定的世界线的交点，你就可以作这个点 T 了（图 91）。

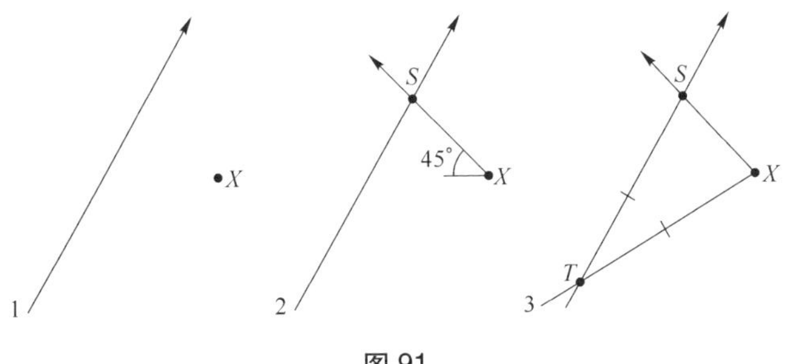

图 91

同时的相对性可以导致某些悖论的情况。假想有一艘火箭船漂泊在冥王星附近的外层空间中，停留在离地球一个固定的距离上。在某一时刻，船长决定作飞出太阳系的运动，所以他开动发动机，加速远离地球。过了一会儿，他关闭发动机，飞船继续远离地球滑行，只是现在保持速度不变。他们滑行了一段时间后决定通过望远镜观察，看看原来的美好的古老地球是什么模样。使他们惊恐的是通过望远镜观察到的是地球的毁灭，这个世界末日是由一颗力量巨大的炸弹将地球炸成小行星一般大小的许多碎片招致的。

当然，他们认识到地球的毁灭并没有在他们眼睁睁地看着时发生；爆炸的光线从地球到达火箭要花一些时间。但他们感兴趣的是要搞清楚地球毁灭发生的确切时间。特别是他们想知道这件事发生在船长加速飞船远离地球之前还是之后。

船长认为地球爆炸恰好发生在关闭发动机之后。他说，“我有一种感觉，地球需要我们，所以我切断动力。”他这样证实自己的论点，指出在他手头的一张闵可夫斯基图表中，远离地球滑行的飞船的同时线是这样的，地球发生爆炸与他切断动力是同一瞬间。

大副认为地球爆炸恰好发生在船长开动发动机之前。“船长知道地球要起火了，所以他决定最好直接离开太阳系。我认为船长是一个叛逆的懦夫，他一定是意志消沉了！”大副嚷道。他证实他的论点，指出还没有作远离地球运动的飞船的同时线是这样的，以致地球的爆炸甚至与船长开动发动机是同一瞬间。

谁正确呢？地球炸毁是在加速之前还是之后，还是在所有这两个时间，还是这两个时间中的一个时间也不在呢（图 92）？实际上是没有确切的答案的！当你问一个关于世界的问题并且没有真正的答案时，这意味着什么呢？这意味着你在问一个错误的问题。在这种情况下，说两个遥远的事件是同时的实际上没有意义是当然的。

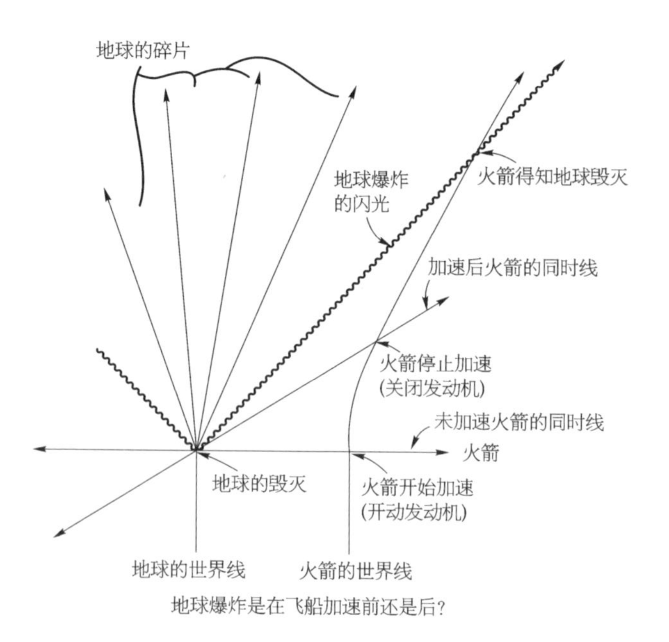

图 92

现在问题来了。我们马上就会看到物体在任何绝对意义上是没有长度的。假想在一维世界里的两条线段彼此以高速相向移动。一条线段以一半光速向右移动，一条线段以一半光速向左移动。向右移动的线段的中点处是称为 R 的点，向左移动的线段的中点处是称为 L 的点。当这两条线段开始移动前，它们的长度相同，对于我们来说，它们还是以同样的长度出现的。但是，R 线段会说 L 线段要比他的线段短，L 会说 R 线段要比他的线段短。这怎么可能呢？让我们来看看闵可夫斯基图表（图 93）。我们将自己看作是直线的一个定点 0。

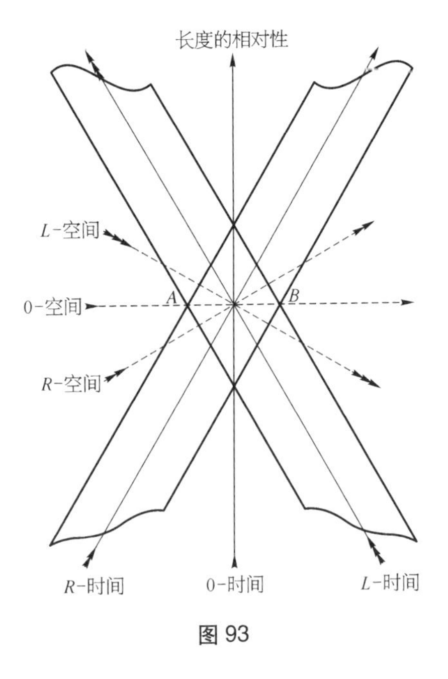

图 93

我们画了 0、R 和 L 的世界线，也画了 R 和 L 所在线段的两个端点的世界线。注意到在时空中存在一个 0、R 和 L 在同一时间同一位置的事件。我们画了这三个观察者经过这一事件的同时线。0 的同时线是水平方向的，R 的同时线是向上倾斜的，L 的同时线是向下倾斜的。在同时线上画图是容易的，因为任何观察者 X 的空间轴和 0 的空间轴之间的夹角必须永远等于 X 的时间轴和 0 的时间轴之间的夹角（这是由于光速是以常数出现的，即在一个坐标系中，从原点出发，斜率是 1 的一条直线在任何其他坐标系中的斜率也是 1）。

这里我们感兴趣的是事件 A 和事件 B。事件 A 是 L 线段的顶端越过 R 线段的末端的时刻；事件 B 是 R 线段的顶端越过 L 线段的末端相遇的时刻（和地点）。在 0 看来，事件 A 和事件 B 是同时的。于是 0 推出这两条线段的长度相等，因为它们恰好互相重叠的时刻只有一瞬间。

在 R 看来，事件 A 发生在事件 B 之后。因为在 R 与 L 相遇的瞬间，事件 B 位于 R 的同时线的下方（即 R 的过去），事件 A 在 R 的同时线的上方（即 R 的未来）。所以 R 会说，“我的线段的顶端先越过 L 线段的末端，稍后我的线段的末端越过 L 线段的顶端。”由此 R 会下结论说他的线段较长。接下来，你是否想一想。例如，你驾驶一辆凯迪拉克向东，另一人驾驶一辆大众车向西（图 94）。当你们两车擦肩而过时，你的车盖的装饰物恰好第一次与大众车的后保险杠对齐（在这一时刻大众车的车盖的装饰物恰好与你的后车门对齐），然后，过了一会儿，你的后保险杠恰好与大众车的车盖的装饰物对齐。由此，你下结论说你的车较大。

图 94

实际上，有一个比较容易的方法观察闵可夫斯基图表，并看到 R 会认为 L 线段比他的线段短。看一下标有“R 空间”的直线。这是 R 的路径与 L 的路径交叉的瞬时 R 的同时线。如果你只将此看作为 R 的空间轴，那么你就可以看到在这个空间轴上，L 线段短于 R 线段。

同样的论述表明 L 会认为 R 线段比他的线段短。L 会说事件 A 发生在事件 B 之前，所以他可以下结论说他的线段较长。或者说，只要看 L 的空间轴，你就可以看到相对于这一空间概念 R 线段较短。

实际上，对于这个争论，的确没有必要让 R 和 L 都在运动。从 R 的角度来说，我们可以看出 R 能随意假定自己是静止的，L 是运动的。所以这一争论的结果是运动的物体在其运动方向上缩短。R 认为自己是静止的，L 是运动的，所以他看到的 L 是缩短的；L 认为自己是静止的，R 是运动的，所以他看到的 R 是缩短的。0 认为 R 和 L 都在以相等的速度相向运动，所以他见到他们都以同样的量缩短。注意到，我们还没有描述在 0 看来如何确定 R 线段和 L 线段停止运动时的长度。在我们能够做到这一点之前，我们将需要两个时空事件之间的区间这一概念。

但是首先让我们考察长度的相对性这一似乎是悖论的结果，即名为杆子和谷仓的悖论（Pole and Barn Paradox）。假想有一个 10 米长的谷仓，一个人拿着一根 20 米长的杆子向谷仓跑去（图 95）。谷仓的后墙是纸做的，所以他可以穿过谷仓而毫发无损。计划是让他跑进谷仓，当他的杆子的尾部一进谷仓内部就砰地关门。现在这个人确实跑得快。事实上，他大约以四分之三的光速跑。这里要说的是，如果他跑得这么快，那么在谷仓内的农夫看来，他拿的杆子的长是 10 米。另一方面，根据相对性原理，跑动的人会看到谷仓只有他们的相对运动开始前的长度的一半；也就是说，他会认为谷仓只有 5 米长。

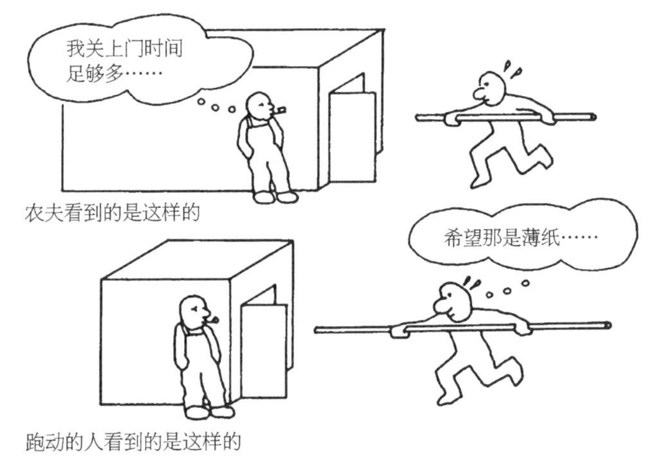

图 95

现在，我们似乎可以在绝对的意义上确定谁正确，是农夫还是跑动的人。因为杆子一旦完全通过谷仓的门，农夫就砰地关门，那么跑动的人和杆子将完全在谷仓内，或者说跑动的人将已经穿破谷仓的后墙。对吗？错了。无论是跑动的人穿过后墙是在农夫关门之前还是之后，都涉及要判断哪些事件是同时发生的！不同的地方发生的事件的同时性是相对的概念！

农夫说，“哇，是我首先关门，然后我听到他冲出谷仓的后墙。”跑动的人说，“当杆子穿过后墙时，我往后瞥了一眼，看到杆子还伸在谷仓的门外。直到我已经穿过后墙他才关门的。瞧，我想到你说这墙要用纸做的！”跑动的人会感到农夫认为他恰好在谷仓里面，只是因为他的感觉印象是杆子要去撞击混凝土的后墙，并假想这与关门的感觉印象是同时发生的。农夫会感到跑动的人认为他的杆子不固定在谷仓里面是因为他顽固地认为他撞击墙发生在关门之前。

究竟是谁正确呢？是农夫还是跑动的人呢？这与地球爆炸的悖论类似，这个问题是不存在真正的答案的。问题在于真正存在的一切是时空中的世界线。插入一个将时空分为一个时间分量和一个空间分量的分割是不存在的。不同的观察者将以不同的方式完成这一分割。

正如我们已经见到的那样，给出两个不同的事件 A 和 B，不存在确定 A 和 B 是不是同时发生的绝对方法，不存在确定 A 和 B 之间的距离是什么的绝对方法（长度的相对性）。原来也不存在求出事件 A 和 B 之间的绝对时间的跨度的方法，但是这些我们都将留在以后研究。

现在我们想做的是看看事件 A 和 B 之间是否存在任何不依赖于观察者的关系。

我们已经知道两个这样的关系：（i）如果 A 和 B 在同地同时发生，那么每一个观察者将认可这一事实，以及（ii）如果发射的光信号是

事件 A，接收光信号是事件 B，那么每个人都将认可这一事实。给出这两个事实和光速不变原理，将有可能在数学上证明事件 A 和 B 之间的区间对于每一个观察者将是相同的。现在我们来解释“区间”是什么。

取一个观察者的参照系。譬如说，他将坐标（x，t）赋予事件 A，将坐标（x'，t'）赋予事件 B。那么事件 A 和 B 之间的区间是数 r，使

$$r^2 = c^2(t' - t)^2 - (x' - x)^2。$$

这里 c 是光速（近似于每小时十亿英里），所以我们可以看出区间 r 将以距离（英里）为单位。正如我们前面所提，人们经常在相对论中选择单位使光速 c 是每时间单位的一个距离单位。让我们假定这已经完成。如果我们将 $x'-x$ 写成 Δx，将 $t'-t$ 写成 Δt，那么就得到另一种简化写法。“Δ”读作“改变量”（或“delta”）。现在我们的区间的定义形如 $r^2=\Delta t^2-\Delta x^2$。设 ΔI 是 r 的“区间的改变量”，我们有 $\Delta I^2=\Delta t^2-\Delta x^2$，或者说“区间的改变量的平方等于时间的改变量的平方减去空间的改变量的平方。”

我们可以看到 xt 平面内的区间与 xy 平面内的距离是很不相同的。对于区间，我们有 $\Delta I^2=\Delta t^2-\Delta x^2$，然而对于距离（$s$ 表示距离），我们有 $\Delta s^2=\Delta y^2+\Delta x^2$，这后一个等式就是著名的毕达哥拉斯定理！

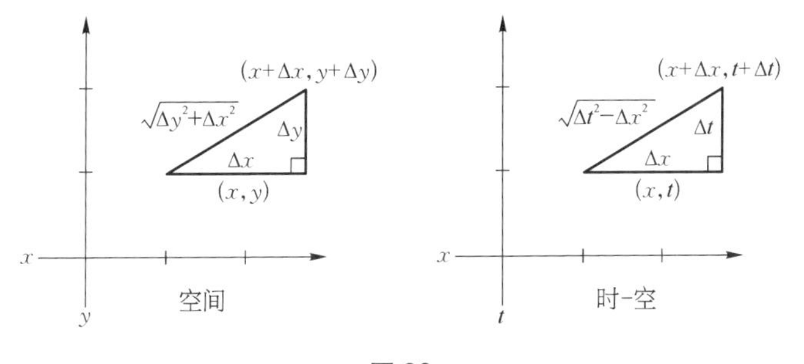

图 96

注意到如果 $\Delta x=\pm\Delta t$，那么两个事件的区间将是零。在什么情况下，A 和 B 的空间间隔等于 A 和 B 的时间间隔呢？确切地说，存在连接 A 和 B 的一束光线，因为光线是以每个单位时间行一个单位空间的速度传播的。在 $x't'$ 坐标系中，一米或者一小时的概念可以不同于在 xt 坐标系中的人想象的那样，但是在这两个坐标系之间的空间单位和时间单位的差将永远定位为光速是 1。也就是说，你在比较事件 A 和事件 B 得到的速度将是 $\frac{\Delta x}{\Delta t}$ 或者 $\frac{\Delta x'}{\Delta t'}$。但是无论哪一种方法都要出现 c，即这一讨论中的 1。因此，你必须有 $\Delta x=\Delta t$ 和 $\Delta x'=\Delta t'$，于是 $\Delta I=0$ 和 $\Delta I'=0$。

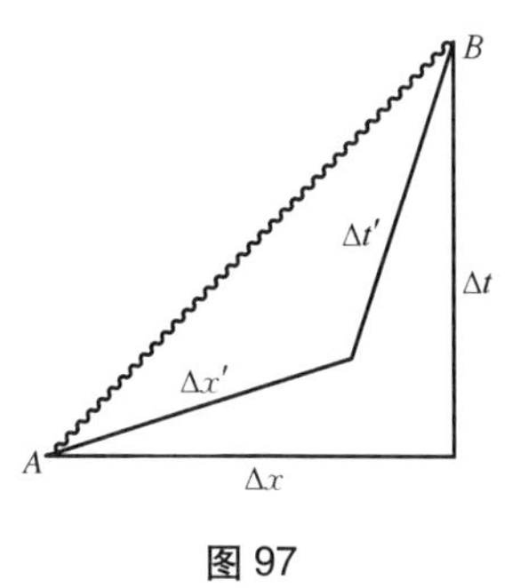

图 97

我们已经看到时空中的区间与空间中的距离是很不相同的。如果存在两点之间的零距离，我们就知道这两点相同，但是如果存在两个事件之间的零区间，就不能推出这两个事件相同。如果两个事件之间的区间是零，那么这只意味存在（可能存在）连接这两个事件的一束光线。例如，如果在一小时之前离我们十亿英里处发生一次爆炸，那么从爆炸发出的一束光线此刻到达我们，这表明爆炸事件和我们此刻站在这里的事件之间是零区间。要 A 和 B 之间有零区间，实际上不必要有一束光线从 A 传到 B；这只是可能的必要条件。换句话说，只有 $\Delta x=\pm\Delta t$ 是必要的。

考虑你读这句句子的这一瞬间你存在的事件。你可以将自己想象为在一个 4 维时空系统的原点。因为我们生活在 3 维空间中，而不是像直线世界那样的 1 维空间，所以我们必须说你的“同时的空间”，而不是你的“同时的直线”。你的同时的空间是你相信在这一瞬间正发生的时空中的一切事件。例如，它包括一个在南威尔士的某处雨中点烟的人，太阳北极的温度瞬间升高，以及你的最好的朋友体内的一个细胞的死亡。

你的时间轴是4维时空中的一条线，它包括你的世界线，即包括你生命中过去和未来的每一个事件。（这里我们要说明一下，存在一种非精确性，认为你的世界线可以取为满足狭义相对论的一个时空坐标系中的时间轴的一部分。问题在于你的世界线并不是“直线”。例如，你所生活的行星在旋转；又例如，你总是在一边闲逛一边向上跳跃，改变速度。但是如果你在空旷的空间中漂泊，既没有什么加速，也没有什么减速，那么这个讨论将是精确的。）

现在，我在这里要讨论的是你的光锥。你的光锥是离你的区间是零的所有事件 A 的集合。你的光锥是一切这样的事件 A 的集合：（i）在 A 处发生的一束光线被你在此时此地见到，或者（ii）在此时此地发生的一束光线（例如，如果你的头爆炸）就在对应于 A 的这个时间和地点都可以看见。你的光锥有两个一半，向后的光锥［满足（i）的事件］和向前的光锥［满足（ii）的事件］。

为了在你的向前的光锥上得到任何事件，你将必须以光速移动。就我们所知，物体不可能跑得像光那样快。所以你能做成功的任何事件都将位于你的向前的光锥内。这些事件统称为是你的未来。你的向后的光锥内的事件被称为你的过去。如果某个超自然的生物进入一艘空间船并爆破组成的事件位于你的过去，那么他将到达在此时此地是可能的。如果组成他的爆破的事件并不位于你的过去，那么他不跑得比光线快就无法出现在此时此地。

既不在你的向后的光锥上或者光锥内，也不在你的向前的光锥内或光锥上的事件会怎么样呢？这些事件的集合称为“别处”（图98）。想到在你的别处的事件是令人宽慰的。这样的事件无法立刻影响你，

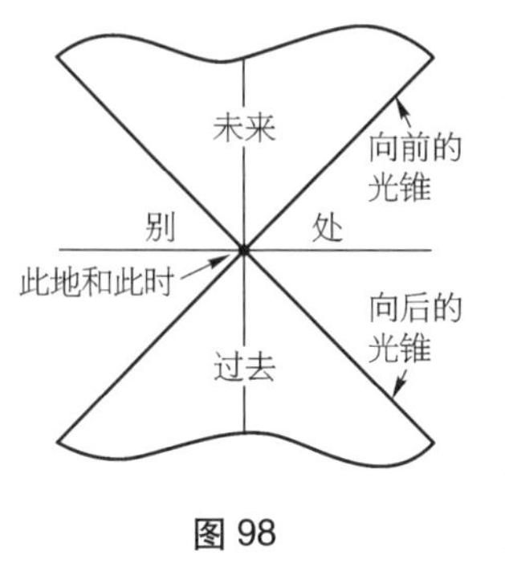

图 98

你做的任何事情也无法影响这样的事件。“哦，糟了，如果俄罗斯人刚对我们实施了一次核攻击怎么办？”“朋友，冷静点，那是别处。”你瞧，如果俄罗斯人果真就在这一瞬间按下核按钮，那它还是不会影响到你的此地和此时。当然，大约在十秒钟内，他们按核按钮的事件将是你的过去，但是现在它还是在别处。

你的整个同时的空间在你的别处是一个相当引人注目的事实。你所说的在此时此刻发生的这些事件组成这个3维宇宙，你无法改变其中的任何事情，并且其中的任何事情也无法影响你的此地和此时。在你看到并认识到任何事情时，它就在你的过去了。如果你扔一块石块，未来会着地。

现在回到直线世界的闵可夫斯基图表，存在一个简单方法确定一个事件（x，t）相对于原点（0，0）的一个观察者是否在别处。在（0，0）和（x，t）之间的区间是 t^2-x^2的平方根。如果 $|t|$ 大于 $|x|$，那么 t^2-x^2是正数，于是 $I=\sqrt{t^2-x^2}$ 是实数。如果 $|t|$ 小于 $|x|$，那么 t^2-x^2是负数，于是 $I=\sqrt{t^2-x^2}$ 是虚数。如果 $|t|$ 等于 $|x|$，那么 t^2-x^2是零，于是 I 也是零。

如果 $|t|$ 大于 $|x|$，那么（0，0）和（x，t）之间的一段行程涉及慢于光速的旅程。如果 $|t|$ 小于 $|x|$，那么（0，0）和（x，t）之间的一段行程涉及快于光速的旅程。因为速度等于距离除以时间，即 $\left|\frac{x}{t}\right|$，…，在这一讨论中，光速是1，所以上面的讨论是正确的。

如果两点之间的区间是实数，那么就说这两点有时间型的间隔。

如果两点之间的区间是虚数，那么就说这两点有空间型的间隔。如果两点之间的区间是零，那么就说这两点有光型的间隔。

关于区间的值得注意的事情是不管谁测量区间都是相同的。跑动的人和农夫在谷仓的门和谷仓的后墙之间的空间间隔上有分歧，他们在杆子前端击中后墙和末端进入前门之间的时间间隔上也有分歧。他们在这两个事件之间的时间和空间间隔都有分歧。但是，他们会找到这两个事件之间的时空间隔相同的区间。

因为这个区间对于每一个测量它的人来说都是相同的，如果我们相信 A 和 B 这两个事件之间的区间是时间型的，那么每一个其他的观察者都是这样。如果我们相信 A 和 B 这两个事件之间的区间是空间型的，那么每一个其他的观察者都是这样。也就是说，如果我们认为一艘飞船自身爆炸是事件 A，它降落是事件 B 是可能的，那么每一个其他的观察者也将这样认为。在图 99 中，区间是 7 的平方根。

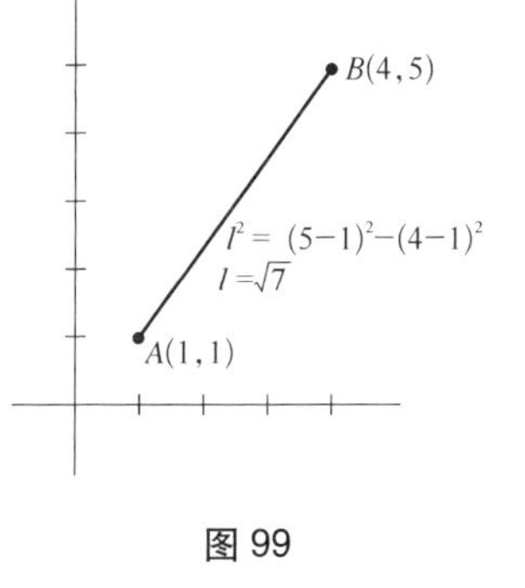

图 99

如果事件 A 和事件 B 之间的间隔是时间型的，那么我们问事件 B 是在事件 A 的过去还是未来可以是有意义的。如果 A 和 B 之间的间隔是空间型的，那么我们就不能以时间赋予 A 和 B 的绝对顺序。如果两个事件是空间型的间隔，那么有些人会说它们是同时的，有些人会说 A 先发生，有些人会说 B 先发生。在间隔是时间型的情况就相反，每个人都同意说，B 在 A 的未来。

如果我们回到图 93，你就能看到有一个空间型的间隔的两个事件 A 和 B，你就能看到 R、0 和 L 对于哪一个事件先发生将有一切可能的观点。

在 xy -平面内，到原点的距离是 1 的一切点的集合组成一个圆，即单位圆。在 xt -平面内，到原点的区间是 1 的一切点的集合是什么呢？

如果（0，0）和（x，t）的区间是 1，那么我们必有 $t^2-x^2=1$。这一方程在 xt -平面内的图形是什么呢？是单位双曲线！你可以从我们必有 $|t|$ 大于 $|x|$ 这一事实看出，当 $|t|$ 和 $|x|$ 的值都很大时，$|t|$ 和 $|x|$ 几乎相等；所以该图形的渐近线是直线 $x=t$ 和 $x=-t$。

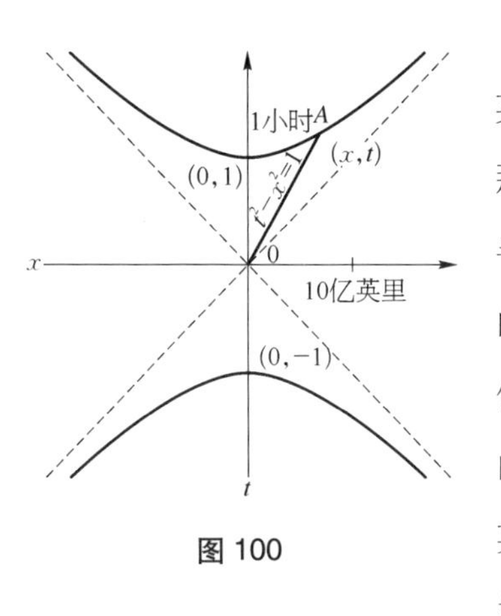

图 100

如果我们坚持一个空间单位是十亿英里，一个时间单位是一小时这一想法，那么我们可以看到这个单位双曲线的上半部分上的每一点与 0 有 1 这个时间型的间隔（1 小时或十亿英里，你可以随便取哪一个，如果你认为一个十亿英里的时间是 1 小时，那么就是光传播十亿英里所需的时间的长度）。沿着图 100 所示的直线从 0 到 A 看上去要多少时间呢？

相对于我们画出的坐标系，A 的 t -坐标看上去大约是 1.2。但是时间轴位于线段 $0A$ 上的某个人的坐标系会如何呢？对他来说，当他从 0 向 A 移动时空间将没有改变（例如，他可以坐在如此大的空间船内，以至于他相信船是静止的；他会说他从一个地方“到达”了另一个地方，因为外部世界在运动）。也就是说，如果 A 在他的坐标系中的坐标是（x'，t'），那么我们知道 $x'=0$。现在每一个观察者测量 0 和 A 之间的区间都是 1。所以我们有 $1=t'^2-x'^2$，或 $1=t'^2$，或 $t'=1$。换言之，运动的观察者赋予 A 的时空坐标为（0，1）。换言之，运动的观察者认为他从 0 到 A 只花了一小时，而我们认为他花了 1.2 小时！

事实上，你可以在一小时内到宇宙中的任何一点旅行！譬如说，你想要到达二十亿英里外的某颗恒星，想要在一小时内到达那里。乍一看，这几乎是不可能的，因为光在一小时只能传播十亿英里，别指望你能比光跑得快。

但是，一旦你看一下这种情况的闵可夫斯基图表（图 101），你就看到如果你以一个你可能有的与光速足够接近的速度出发，那么你的到达是事件 A，它的空间坐标是 2，且位于单位双曲线上。A 是 0 到 1 的一个时间型区间。所以如果你沿着线段 $0A$ 移动，那么你就会认为这就是你的时间轴（在匀速运动的状态下，一个人总是将时间轴和他的世界线视为一体的）。所以你会把坐标（0，t'）分配给点 A。现在，因为 A 位于单位双曲线上，所以我们知道 A 和 0 之间的区间对任何观察者似乎都是 1。所以移动的观察者必有区间 $0A = t'^2 - x'^2$ 等于 1。但是他有 $x' = 0$，所以必有 $t' = 1$。“只花了我一小时”！

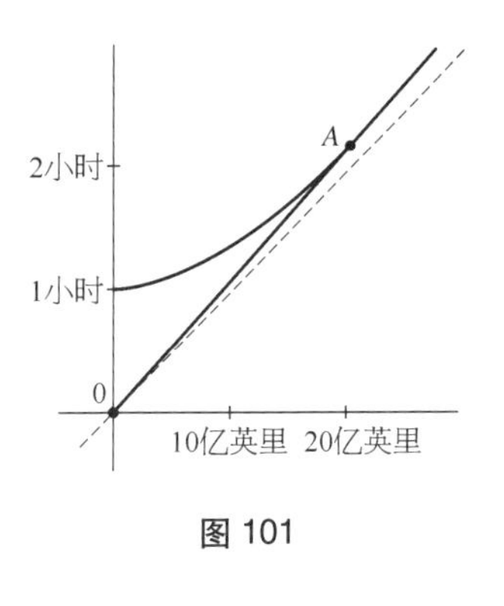

图 101

精确地说，你在一个时间单位内到达离开地球两个空间单位处，你将必须多快呢？（即一小时二十亿英里或一年两个光年）。当然，你可以假定你是静止的，但是以地球为参照系你打算有多快？地球上的人们不会认为你只花一小时就到达那颗恒星。在他们的参照系中事件 A 的 t 坐标稍大于 2，这与你的参照系不同，你的参照系中，事件 A 的 t' 坐标是 1。

如果我们知道 A 的 t 坐标是什么，我们就能够描绘出一般的人认为你飞得有多快。因为我们已经知道 A 的 x 坐标是 2，于是你相对于地球的速度是 $v = \frac{x}{t} = \frac{2}{t}$，这里我们将 t 坐标就称为 t。你能如何描绘 t 是什么呢？你知道 0 和 A 之间的区间是 1。所以你知道 $1 = t^2 - 2^2$。于是 $t = \sqrt{5} \approx \frac{11}{5}$，$v = \frac{2}{t} \approx$ 光速的$\frac{10}{11}$。

现在考虑两个观察者的参照系。设我们认同的观察者的参照系是 xt-坐标系，设运动的观察者的参照系是 $x't'$-坐标系。我们在同时的相对性的讨论中知道如果 t'轴不同于 t 轴，那么 x'轴不同于 x 轴。事实上，我们知道 t'轴和 t 轴之间的夹角永远等于 x'轴和 x 轴之间的夹角。

要说明的是 xt-坐标系和 $x't'$-坐标系之间存在另一个差别。这就是在 x'轴和 t'轴上标的单位要比在 xt-坐标系中离原点远。

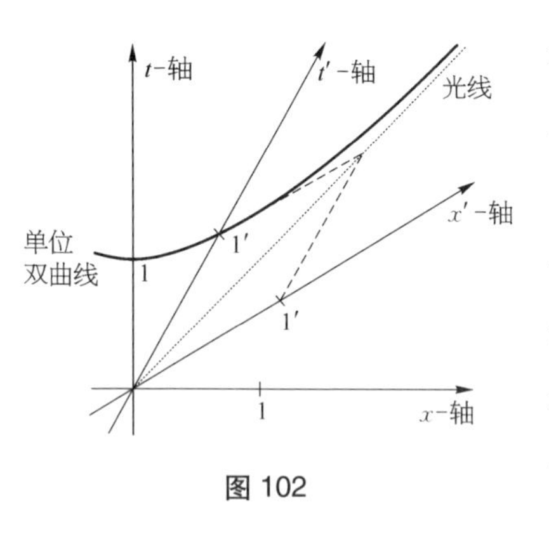

图 102

正如我们刚才讨论的那样，在 t'轴上的单位时间标记在该轴与单位双曲线的交点处。给定这个以后，我们就能够看出在 x'轴的何处标空间单位，因为时间单位和空间单位的大小相同。当我们在图 102 中一切都画好时，我们就能看出在 $x't'$-坐标系中光速将是 1，就像在 xt-坐标系中一样。

第五章的问题

（1）在这一问题中，你将对同时的相对性拟定出稍稍区别于我已经给出的一个论断。情况如下。一个刚性的平台向右移动，譬如说，以光速的一半移动。李先生站在平台的左端，雷先生站在平台的右端（图 103）。李先生在平台下发一束光给雷先生。雷先生拿着一面镜子将光线反射回李先生。李先生接收到返回的信号。这三个事件分别称为 A，B，C。李先生在他的世界线上记载了 A 和 C 的时间。略加思索后，他就在自己的世界线上标出与 B 同时的事件 X 的位置。他将 X 放在何处？为什么？

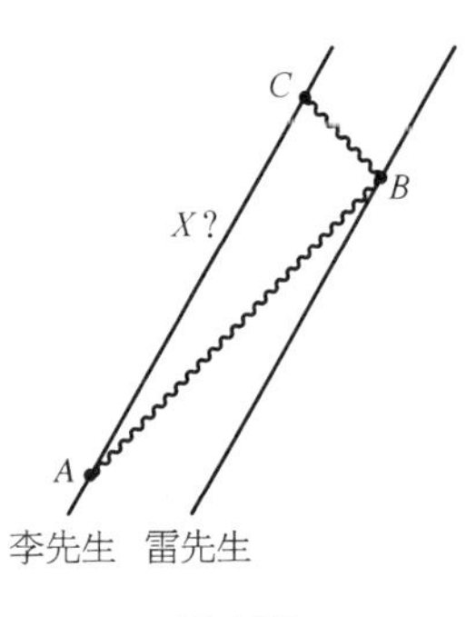

图 103

（2）不相信在第四章中所描绘的静态时空观的人喜欢断言时间实际上是在运动，“现在”是存在的，但是未来在任何意义上还不存在。根据以下摘要评价这一断言。

但是，时间的一个客观消逝的存在意味着（或者至少等价于这一事实）现实由无穷多层“现在”所组成，这些“现在”连续不断进入存在。但是，如果同时在刚才解释的意义上是相对的话，那么现实不能以一种客观确定的方式分割成如此多的层面。每一个观察者都有自己的“现在”的集合，各个层面的这些不同的系统中没有一个能够断言表达时间客观消逝的特权。（K. Gödel，“A Remark about the Relationship between Relativity Theory and Idealistic Philosophy” in the *Schilpp anthology*，p.558；见注释书目。）

（3）在这一问题中我们将看到一个运动的人的手表似乎要比一个静止的观察者的手表慢。考虑 R 和 L 这两个人，他们以我们看来是相等的速度按相反的方向运动。设他们在事件 0 处擦肩而过，事件 A 是在 0 以后过了的 1 小时 L 的手表所显示的时间，事件 B 是 0 以后过了 1 小时 R 的手表所显示的时间。由于对称性，我们将感受到 A 和 B 是同时的（如图 104 所示）。但是 R 将会说 A 与 A' 同时，L 将会说 B 与 B' 同时。为什么？对于一个小时的另外一种想法 R 和 L 会说什么？为什么？

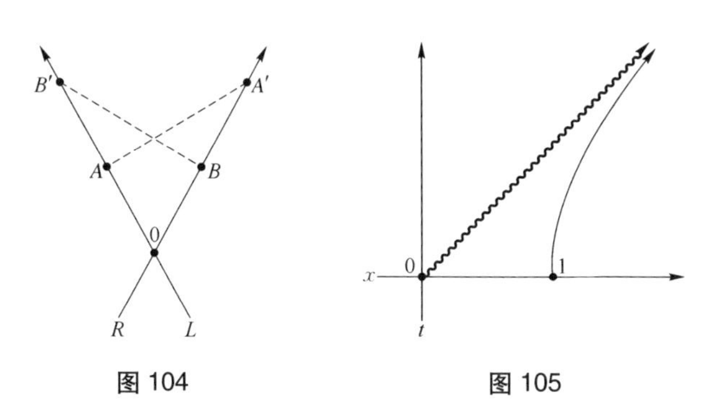

图 104　　　图 105

（4）你是怎么能让你的世界线变为图 105 所示的双曲线 $x^2-t^2=1$ 截得的？如果这是你的世界线，那么从事件 0 发出的一个光信号能到达你处吗？对于你的任何一个瞬时参照系，0 离你有多远？

（5）假定你在一艘动力十分强大、加速度要比前面的问题中的还要快的火箭船中。譬如说，你加速离开地球，在第一个十亿英里中你花了你一小时的时间，在第二个十亿英里中你花了你半小时的时间，在第三个十亿英里中你花了你四分之一小时的时间，等等。一般地说，你在第 $n+1$ 个十亿英里中花了你 $\frac{1}{2^n}$ 小时。两小时以后你在哪里？

（6）假设你在空间站上以光速的 $\frac{1}{2}$ 相对于地球远离地球运动（在地球的时空图表中斜率为 2 的世界线）。然后你进入一艘小飞船，相对于空间站以光速的 $\frac{1}{2}$ 远离地球和空间站（在空间站的时空图表中斜率为 2 的世界线）。此时你是否以光速远离地球运动？结合图 106 和 107，对于你将以多快的速度相对于地球运动作出一个估计。

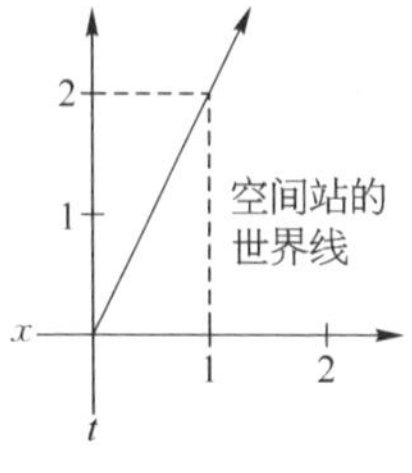

图 106

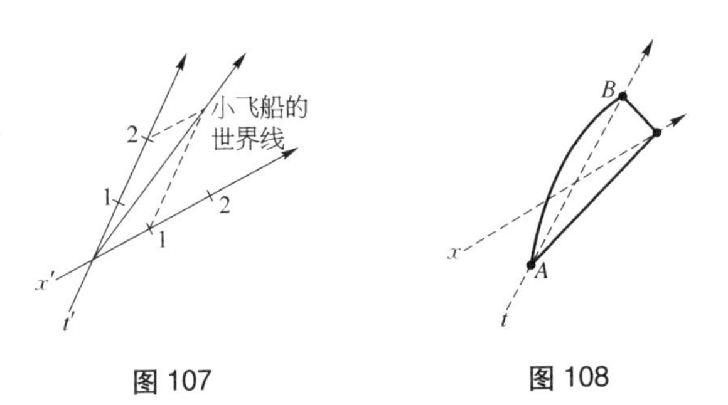

图 107　　图 108

（7）假设你从事件 A 到事件 B 旅行。如果你在旅途中带着一只时钟，要说明一下，因为你可以在任何时刻随意假定你是静止的（$dx=0$），所以你的时钟将测量你走过的区间。在图 108 中标出的 A 和 B 之间的三条路径中哪一个是最长的区间？你认为在时空中的时间型测地线将使该区间最大化还是最小化？

第六章

时间旅行

狭义相对论意指任何实体都不可能跑得比光快，任何形式的信号都不可能传递得比光快。

没有实体能够跑得快于光是在实验中已经证明的事实。给出回旋加速器中的一个电子，人们可以对这个电子累积尽量多的能量，但总不能达到光速。其原因是物体运动加快时，质量也在增加，所以物体运动越快就越难达到任意快。

这是否意味着我们永远不能以光速旅行呢？那不一定。也许是可能的（这是科幻小说）将一个人粉碎成一个复杂的电波形式，然后由无线电（无线电波是以光速传播的）将这个电波传递到一个逆过程站，在那里再根据无线电波中的信息重组这个人。

这会感到是像以光速旅行的吗？假设你以光速从这里到银河系的另一侧，看上去要花多少时间呢？对于在发送站和接收站的人来说，信号似乎要花几十万年的时间才能跨越银河系。但是对你来说，旅途将似乎是瞬间的！你要从去物质化站一个门步入，然后不减慢速度从另一侧走出。只不过当你走出另一侧时，那是在 10 万年以后，才到达银河系的另一侧。如果你突然患上思乡病，以另一种方式通过去物质化站返回，你将返回地球，不过这是在你出发 20 万年后的地球。对于你来说，这 20 万年似乎只是由往返于去物质化站组成。这样的往返五次会将你放入未来的 100 万年中，等等。

以光速旅行完全不花时间的原因是当你达到光速时，你的世界线位于你的同时空间。也就是说，对于某个以光速运动的人，他的世界线上的每一件事都是同时——和同地发生的！我们可以从观察图 109 中的三张闵可夫斯基图表中明白这一点；因为时间线向上倾斜得高，空间线向上倾斜，当你达到光速时，它们最后相遇。

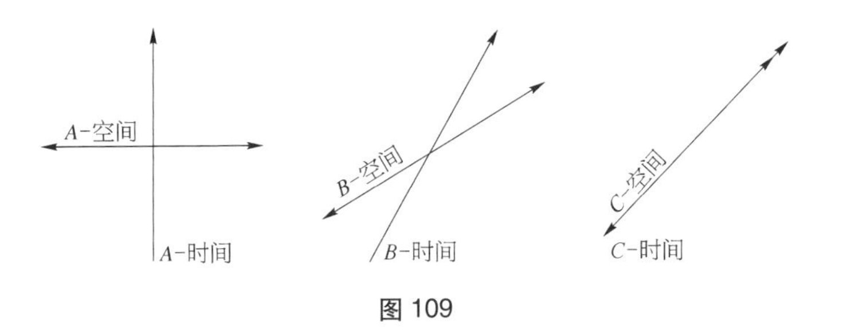

图 109

所以，如果你能以光速旅行，你就可以不需要时间到达在你的未来光锥上的任何事件。借助于来回反弹，你也可以不需要时间到达未来光锥内部的任意事件（像离现在 100 万年的这里）。

尽管如此，但你不能返回。为什么不能呢？我们不能以某种方式旅行进入过去难道有任何原因吗？也许没有，但是其中存在一些困难。假定你设计某种方法进入过去旅行，你在 1 小时后返回，准备好时间机器看到原先的你本人。以嘲讽的微笑敲打原先的你的后脑勺，那么发生什么呢？因为原先的你本人死了，你已经不能进入时间机器回去杀死原先的你本人。所以原先的你本人不能死。但是如果原先的你本人没有死，那么你原本是能够回去射杀他的。只有当原先的你本人没有死的时候，原先的你本人才会死。这情况确实是悖论。

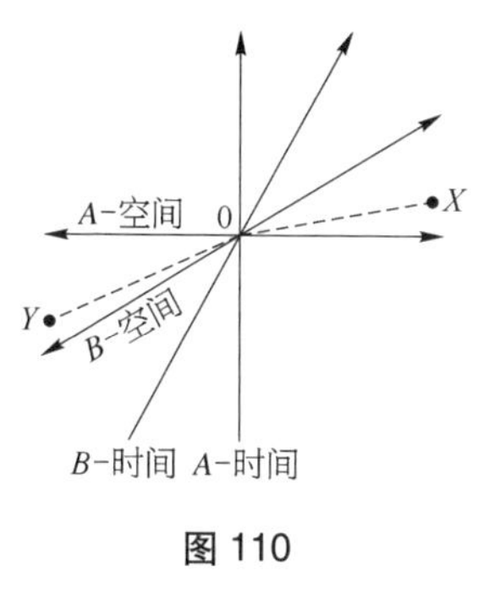

图 110

正是这类悖论似乎排除了发送快于光速的信号的可能性。

考虑图 110 中的闵可夫斯基图表。虚线 $0X$ 表示 A 发出一个快于光速的信号从 0 到 X（B 对该信号从 0 到 X 发送的说法印象很深，因为对他来说似乎事件 X 发生在事件 0 之前）。

反之，虚线 $0Y$ 表示 B 发送一个快于光速的信号从 0 到 Y（A 对该信号从 0 到 Y 发送的说法印象很深，因为对他来说似乎事件 Y 发生在事件 0 之前）。

所以如果 A 和 B 彼此远离，并且他们发送的信号足以快于光速，那么他们中任何一人都可以将信号发送到对方的过去。这就可能导致以下的悖论的情况：A 对 B 说，“我将在中午发送一个快于光速的信号，除非我先得到你发出的一个快于光速的信号，”B 对 A 说，“无论我何时得到你发来的信号，我将发给你一个快于光速的信号。”现在，如果 A 在中午发送一个信号，B 将发回一个在中午以前到达 A 的信号，所以 A 不会在中午发送一个信号。如果 A 在中午没有发送一个信号，那么 B 不会得到信号，于是也不会发回信号，所以 A 将在中午发送一个信号。换句话说，当且仅当 A 在中午不发送一个信号时，A 在中午发送一个信号（图 111）。这似乎是不可能的。

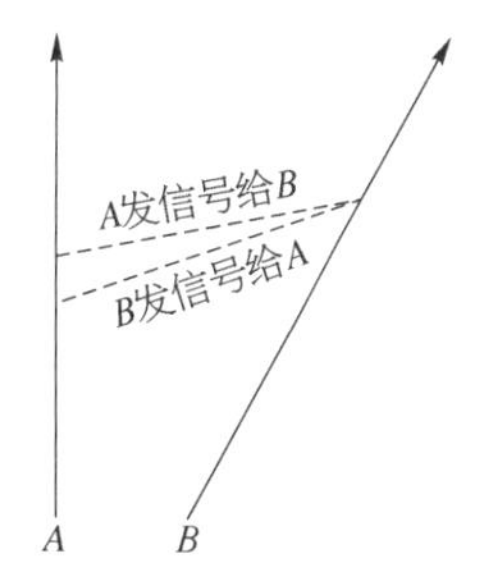

图 111

实际上，近年来已经有人提出事实上存在一些快于光速的东西。这些东西称为超光速子（tachyon，“tachy”意为“快”）。但是我们还真不能证明你不可能有快于光速的东西吗？

实际上可以有超光速子，如果我们不能探测到它们，那么你就不能利用它们发送信号。但是，物理学家有这样的倾向，认为不可能探测到这些东西。他们说，如果无法探测到一些东西，那么谈论这些东西的存在是毫无意义的。不管人们是否同意他们的看法，这实质上是一个哲学问题。无论如何，现代的共识似乎是可探测的超光速子是不存在的。

一个人可能进入自己的过去，除了快于光速的旅行外还有两种途径。

第一种途径是时间可以是循环的。也就是说，宇宙既没有开始也没有结束。这样一个直的无限空间维的宇宙看上去就像图 112。

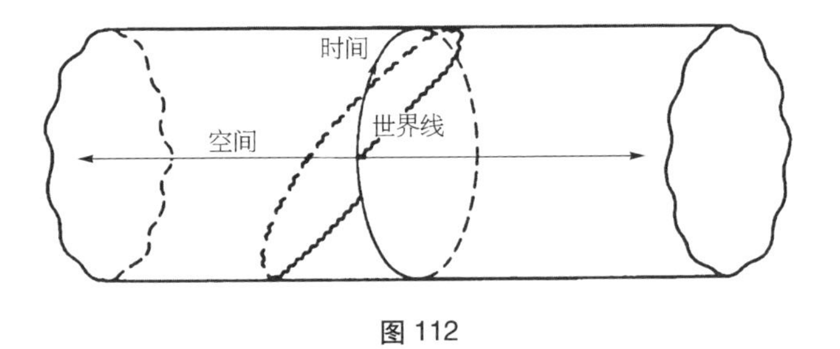

图 112

正如我们所知，如果你以光速旅行，你的旅程（对你而言）不需要任何时间。做到这一点的另一种途径是如果你以一个足够接近光速的速度旅行，那么你可以使你的旅途比你所期望的时间短。

所以，如果时间的长度（“宇宙的即时周长”）是一万亿年，那么你可以用一万亿年的四分之一的时间离开地球旅行，花一万亿年的二分之一的时间回去并经过地球旅行，然后转身再花一万亿年的四分之一的时间返回。现在，如果你以光速旅行，那么这个旅程不需要任何时间，但是你已经穿过时间“向前”走了一万亿年。所以你将恰好当你离开时回到地球。如果你在时间上稍微向前旅行一点，譬如说，一万亿年减去2000年，你就能防止（像耶稣那样）受难！

时间旅行这一技术可能是由宇宙具有适当类型的时间结构（循环的时间）提供的。哥德尔（K. Gödel）在其论文中提出了类似的想法，该论文收录在希尔普（P. Schilpp）关于爱因斯坦工作的论文集（见注释书目）中。为了避免时间旅行的悖论，他断言做一次我们曾描述过的那种一万亿光年的旅行从来就是不可能的——这是因为一些实际上的原因。首先，要取一枚银河系大小的火箭且具有足够多的燃料作一次这样的旅行；其次，你会受到所经过的恒星和星系的引力吸引而偏离你的路径，你将永远找不到返回地球的路。我们在下一章中将讨论宇宙时空的另一些可能的结构。

以第二种方法可能在时间中返回的物体要由反物质组成。就目前所知，每一种粒子都有相应的反粒子。反电子称为正电子。正电子的质量与电子的质量相同，但是带的电荷恰与电子的电荷相反。正电子是可以在实验室里（利用粒子加速器）生成，这并不太困难。但是持续的时间通常不很长，因为一个正电子总是在电子附近生成的，正电子和电子一结合就互相湮灭，留下的只是一阵能量。另一方面，无论一个正电子何时生成，一个电子总是同时生成的。考虑图113中的闵可夫斯基图表。我们有一个事件，它由电子 A 和正电子 B 同时生成组成。粒子及其反粒子同时生成这样的事件称为“成对生成”。我们也有正电子 B 和电子 C 互相

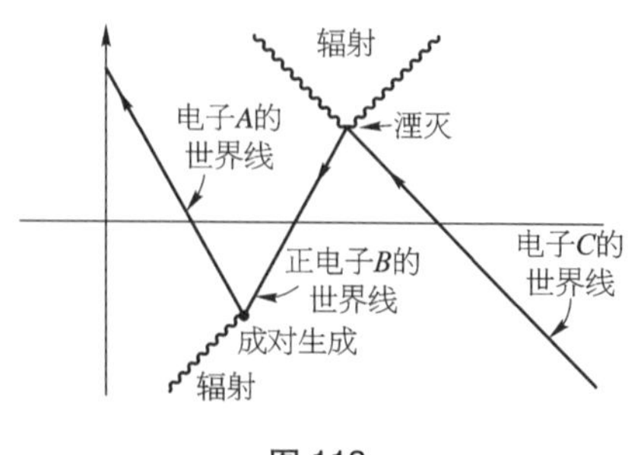

图 113

湮灭组成的一个事件。

物理学家费曼（R. Feynman）建议，与其将这一图表视为两个电子和一个正电子，不如将其视为代表单个粒子，该粒子作为一个电子 C 在时间上向前行进，作为正电子 B 在时间中向后行进，然后再作为电子 A 在时间中向前运动（图 114）。

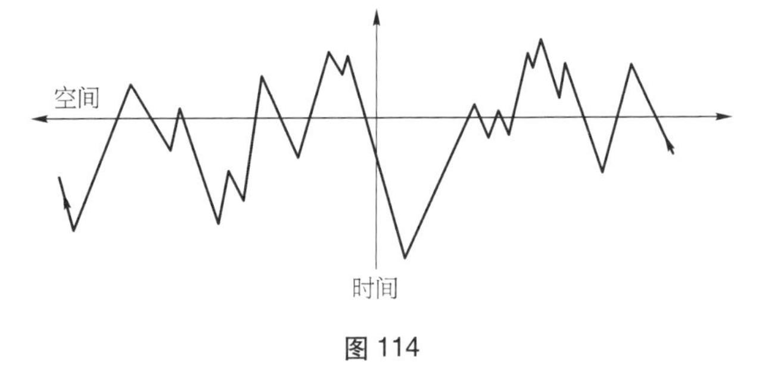

图 114

费曼的方法真正迷人的方面是在整个宇宙中可能只存在一个电子！

该电子有一条复杂的世界线，有时候在时间中向前运动，有时候向后退。当它在时间中向前运动时，它成为一个电子，当它在时间中向后退时，它成为一个正电子。但“真实”存在的将只有一个电子。这就提供了为什么所有的电子都具有相同的电荷的一个简单而绝妙的解释！

这一理论的一个弱点是宇宙中似乎电子比正电子多得多。例如，你体内充满电子，但是在任何给定的时刻体内存在更多一些正电子是值得怀疑的。摆脱这一困难的方法是认为宇宙中存在着这种平衡是相反的一些区域。也就是说，我们在夜空中见到的一些星系也许几乎是完全由反物质组成的。它们的反原子是由绕着反中子和反质子的反原子核旋转的正电子组成。

如果我们向这样一个反银河系旅行，在反行星上登陆会发生什么情况呢？你和你的飞船将会与该反物质行星相撞而湮灭，生成大量的能量。按照费曼的说法，你的飞船中和你体内的一切粒子将携带巨大的能量开始在时间中作返回运动。此时你有时光倒流的体验吗？可能没有；在猛烈地转换角度会使你乱成一团。

如果我们能够靠近一个反银河系观察一下反地球上的人们，那么我们会见到什么呢？在这一点上是没有真正的共识的，也许我们会看到在时间中倒退生活的人。反物质的人的一生会像下面那样。

每一个人都在哭泣。眼泪从他们的手帕中流出，流进他们的眼睛。他们往回走退向坟墓，棺木慢慢地从墓中取出，尸体被抬回家躺在床上。牧师一离开，尸体开始呼吸。反人和他的反妻一起往回生活三十年。在婚礼那一天，他们从洗衣篮里取出脏衣服穿上，一起走向教堂。他们彼此相望数次，完成这一宗教仪式后，不再知道对方的存在。反男人去上大学，许多内容都没学过。他对微积分掌握得很好，但是读完这一教程后什么也不知道了。家庭作业是从教师那儿收到的，他曾用铅笔尖抹去家庭作业。他遇见了父母，终于停了下来。他躺在童床上，他母亲拿着一只空的牛奶瓶，从他嘴里将牛奶装满空奶瓶。他身上沾满了他母亲给他扎的尿布上的脏的粪便。一切都变得平静而朦胧起来，直至在一个欢快的一天他和母亲一起来到医院，在医院里医生帮他送回到他母亲的子宫。在那里他慢慢地溶化了，九个月以后他不再存在了。

这令人沮丧吗？当然，实际上反地球人会感到他们的生活和我们的一样，如果他们见到我们，他们也会认为我们过着就像刚才描述的那样的反生活。究竟是谁对呢？现在你应该更好回答这样的问题了！

第六章的问题

(1) 我们有一个宇航员在月球上试图发送一个心灵感应的信息给

地球上的同伴，要看看这样一个信息是否瞬间传播。瞬时通讯的概念的错误在哪里？

（2）说到你我都在空间中漂泊，各握着一千英里长的杆子的一端。为什么你抖动杆子的你的一端还不能和我瞬时通讯？

（3）证明：如果可能制造一个时间机器向过去旅行，那么对于任何人实际上是不必要发明（不是制造一个拷贝）这个机器的。

（4）科幻小说家有时为了避免时间旅行的悖论而假定存在平行的宇宙，当你在时间中回去时，你实际上离开你原来的宇宙中的时空，并进入某个平行宇宙的过去。看看这一想法是如何能用来解决杀死"过去的自己"的时间旅行者的悖论。

（5）说时间是循环的。构建一个不会损坏的无线电灯塔，设置它在地球附近的空间中飘浮。假定这个灯塔永远有效，并不断发出信号。一旦你设置这样一个飘浮的灯塔，你应该能够探测到多少更多的东西？只有当你在出航之前没有探测到灯塔时，你如何决定设定你的飘浮的灯塔？

（6）哥德尔的模式实际上与我们讨论过的（由赖兴巴赫发明的）循环时间模式是相当不同的。哥德尔的宇宙有一种"旋转"，这种"旋转"使图115中的二维世界闵可夫斯基图表中表示的一切世界线成为可能。例如，对 A 来说，D 好像就是在时间中向后运动。对于 C 的一生，A 会说什么呢？

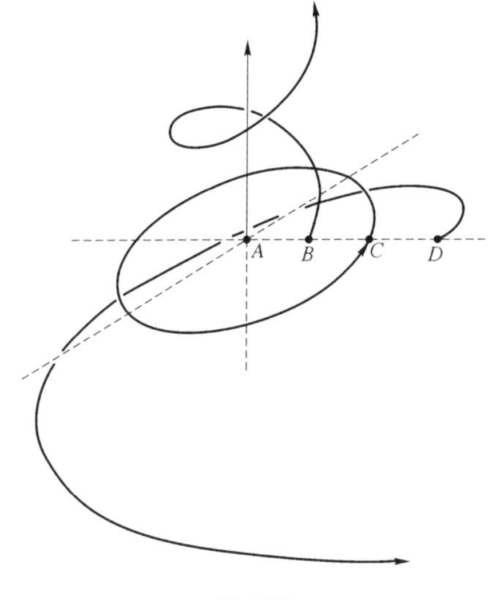

图 115

第七章

时空的形状

如果我们只是考虑 1 维空间，那么我们可以将时空假想为一张硕大的床单。床单上的每一个事件生成光锥，这些光锥在床单上组成纹理。床单的细微的结构是第五章中的话题。在本章中，我们将从讨论这张床单的大尺度的结构开始。这张大床单是平的，还是弯曲的？是有限的，还是无限的？

就总体而言，时空的结构是被称为宇宙学的这门科学的课题。因为你问的是关于宇宙学中的一切时间和一切空间，所以你感兴趣的是整个宇宙，其中每一个时间和每一个空间都看作为一个静止的几何对象。

艾萨克·牛顿爵士提出了宇宙的最简单的看法：无限的平坦空间和无限的时间。说到直线世界，牛顿的宇宙只是无限的 xt -平面。如果你用主张空间在某个特定的过去的时间进入存在而希望改变牛顿的宇宙，那么你就有 xt 平面的上半部分（图 116）。

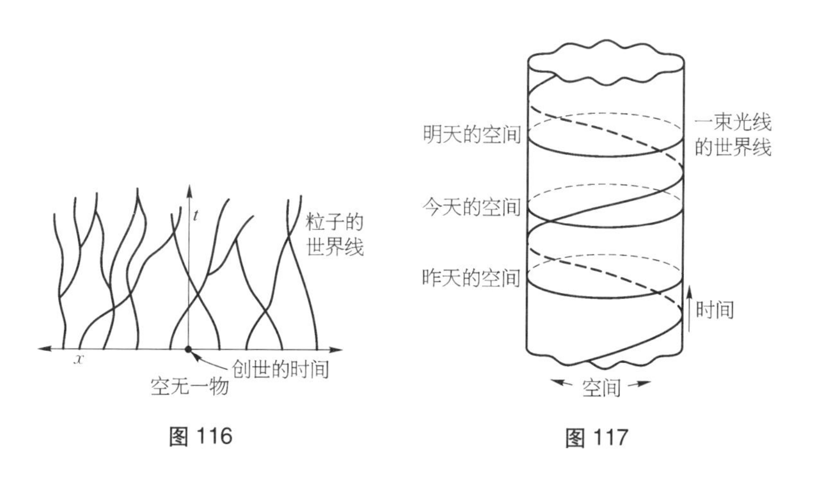

图 116　　图 117

1917 年左右，爱因斯坦曾提出时空应该是圆柱状的。也就是说，他建议我们的空间应该是球形的（即 3 维空间应该是一个超球的表面），时间应该是直的（图 117）。

但是人们很快发现，我们的空间在膨胀。也就是说，我们能见到的任何星系正在远离我们运动，在进一步远离我们，它们越远，远离我们的运动就越快。

如果你有一个平坦的无限空间，那么你没有多大困难就能有这类膨胀。在时空的某个地方放下一大块原始的物体（这个物体有时称为 ylem），并让它爆炸。在任何一块碎片上的一个观察者将会看到另一些碎片正在稳步离他而去。较快的碎片将远离他，而他将拉离较慢的碎片（图 118）。

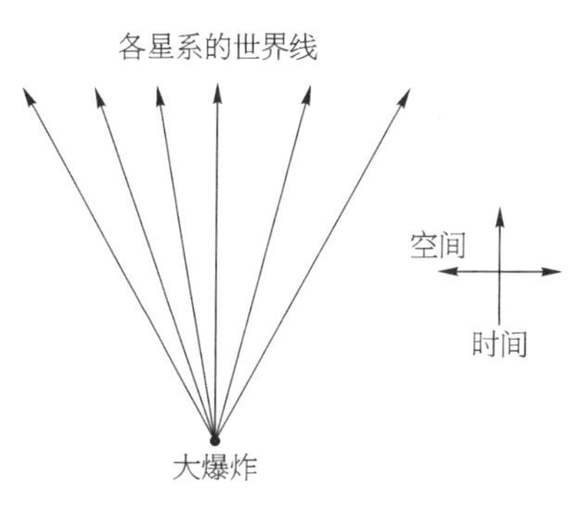

图 118

这一模式的一个错误是它违背了宇宙学原理。宇宙学原理是说不管你在空间何处，物体看上去应该或多或少是相同的。但是，如果宇宙是在普通的3维空间内一次大爆炸的结果，那么对于漂泊在一块爆炸后的碎片上的某个人，和对于远离大爆炸，碎片还没有到达的某个位置上的那个人，宇宙看上去将是不同的。

如果你假定所有的空间都充满星系，所有的空间永远在膨胀，那么你就有可能避免这一问题并坚持认为是普通的空间。但存在一个更好的解：圆锥状时空。

这里的想法是我们采用爱因斯坦的圆柱状宇宙，但是随时间的流逝而让宇宙的周长膨胀。你再次从一次大爆炸开始，只是现在爆炸不是在3维空间内的爆炸，而是3维空间的爆炸。在大爆炸之前是不存在空间的；空间的周长为零！

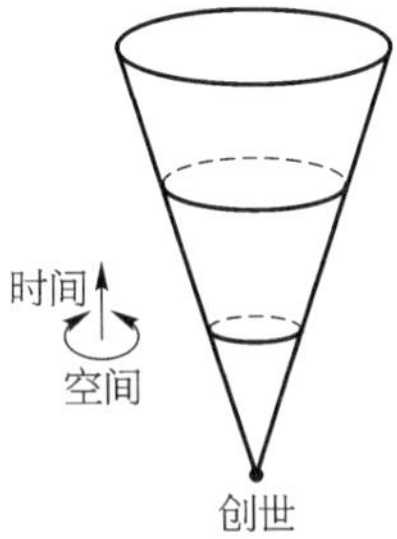

这里的问题中（图119）的模式由一个膨胀的球形空间组成。各个星系的运动并不是在一个平的空间中彼此远离；倒可以说3维空间是一个膨胀的超球的超表面。

图 119

还有，还存在一个可以称为大爆炸的事件，或者是宇宙的创生的事件。但是，要问大爆炸发生在我们的宇宙的何处是没有实际意义的，因为大爆炸发生时，空间中只是一个点。也就是说，大爆炸在到处发生。

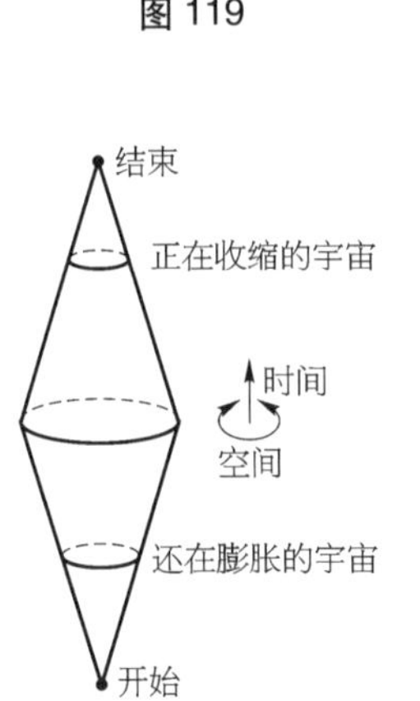

图 120

我们的宇宙会继续无限膨胀吗？这是一个有争议的问题。有些宇宙学家相信星系之间的引力吸引最终将使膨胀慢下来，甚至于逆转，所以整个宇宙将会坍塌，在未来的某个时刻缩成一点（图120）。

另一些宇宙学家坚持认为宇宙将永远继续膨

胀。有一个很好的机会，就是这一争议的答案将在我们的有生之年中由实验决定。

如果你假定宇宙的确在未来的某个时刻缩回一点，那么留给你两个问题：宇宙结束后会发生什么？宇宙开始前发生了什么？

一个观点认为谈论时间开始之前或者时间结束之后的事件是没有意义的。在图 121 中，我们重新画一个球形的宇宙，它从一点膨胀到某个大半径，然后缩回到一点。这里重要的想法是该图中不存在运动。也就是说，我们没有打算去想象一个圆，它从南极出发向上滑动变为赤道，变为北极的冰帽，最后又缩回一点。我们不是把这个时空球看作为简单的存在。用外尔（H. Weyl）的话来说，“客观世界只是存在，而并不发生。”这里问宇宙开始之前发生什么就有点像问南极的南部是什么大陆那样。除了我们栖息之处以外，不存在时间和空间。

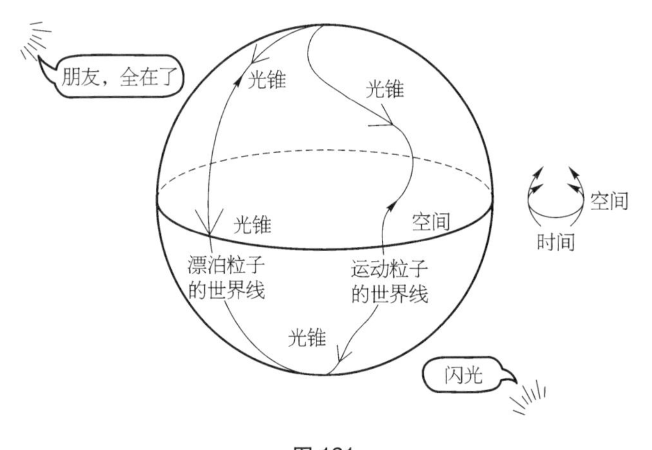

图 121

然而，因为物质守恒原理的缘故，这张图是相当不令人满意的，在北极结束的所有这些粒子发生了什么？在南极的所有这些粒子来自何方？一个解答将是因为宇宙中存在的物质和反物质的总量相等。在北极发生的事会使粒子互相湮灭；在南极发生的事会是成对产生。我们采取费曼的反物质的观点，我们将有这样的世界线，它作为电子从南向北移动，作为正电子返回另一侧，形成一条像经线那样的封闭曲线。

一个不同的思路是认为在这个宇宙以后永远存在另一个宇宙，在这个宇宙之前永远永远存在一个宇宙。这就是振荡宇宙，或者“珍珠串”模式。

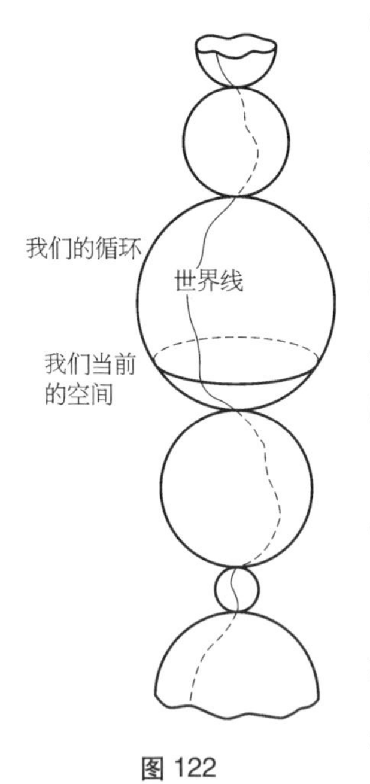

图 122

宇宙的每一循环都表示为一个球。空间是弯曲的，图 122 中的一个 1 维的圆，在现实中是一个超球的 3 维超球面。时间是弯曲的，导致空间膨胀和收缩。让我们强调一下，所有这些图画都是对直线世界的，即 1 维空间的。这串“珍珠”就像图 121 中的球；其中每一个实际上都应该是超超球，其超超球面可以作为我们的 4 维时空。

注意到宇宙的每个循环都是不同的。据推测，每次宇宙的所有物质在两个循环之间通过“结孔”被挤压时，每个物理常数都可能不同。

这一模式使每一循环的起点和终点的奇点变得不那么引人注目了，但只是以重新引进一个始终在两个方向上运动的宇宙时间为代价。现在我们将呈现一个模式（图 123）避免这个不顺心的事，并为之前和之后的问题提供一个满意的答案。

“圆环面”是甜甜圈的数学术语，所以我们将这个模式称为圆环面时空。这一模式可以取图 121 中的球形时空得到，在北极向下推，在南极向上推，直至变成同一点。这个 2 维曲面有一个空间维和一个时间

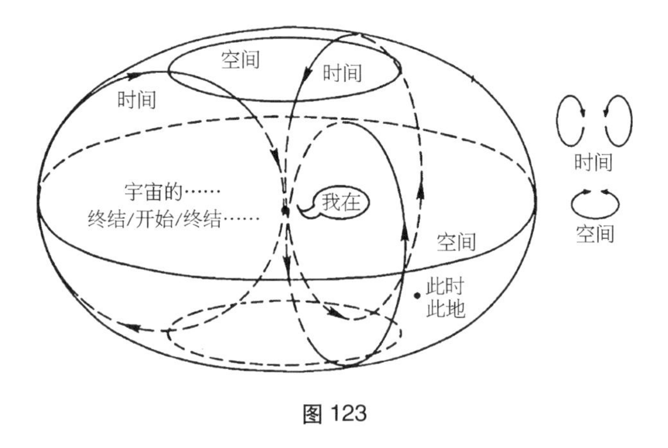

图 123

维。如果我们的宇宙有圆环面的时空，那么我们实际上就需要超超圆环的曲面。

在这一模式中，我们有超球空间，它由一次大爆炸而膨胀，后来又缩回了。因为我们的空间还在膨胀，所以我们也许会被定位在标有此地和此时的这个点上。你也许忍不住要问这个问题："我能看见空间就像一个圆，它不断在甜甜圈的孔外向下转，绕过甜甜圈向上转，然后转回穿过孔内。我不知道它已经这样转了多少次？"这恰恰是要问的错误的问题！周围既没有最后的时间，也没有下一个时间，因为没有东西在运动。时空是一个具有某种结构的 4 维流形。在那里不存在时间。我们感觉到我们在穿越时间，但这是一种幻觉。

如果你在时间中向前，穿过并向上绕着圆环面的孔，并在你出发之前的某个时间停下，试图以这样的方式在圆环面宇宙中进入过去，那么会发生什么呢？这样一个花时过长的旅程是不成问题的。因为正如我们在上一章里讨论过的那样，如果你以充分接近光速的速度旅行，那么旅途要花多少时间就随你的便。这里的问题是当你在通过标有"宇宙的……结束/开始/结束……"的点的时候，你会死的。为什么呢？因为在这一点上，空间被缩成一点，这意味着你会被挤压，就像你的分子，分子的原子，原子的粒子，一切都会那样。只有纯粹的能量可以使它通过这个奇点。

但是，是什么引起时空在最初的地方弯曲的呢？是物质。

根据爱因斯坦广义相对论，物质引起时空弯曲。自由坠落的物体粒子沿着世界线运动，这一世界线是时空的时间型测地线。由于时空因物质而弯曲，其测地线是弯曲的，于是人们可以发现靠近大质量物体的粒子沿着弯曲的世界线运动。

接近大质量物体的世界线弯曲的原因在传统上被称为“引力”。根据广义相对论，不存在这样的“力”，仅仅是时空的一个弯曲使世界线弯曲是很自然的。于是广义相对论给我们提供了一个引力本质的几何解释。

物质产生的时空曲率精确地说是什么类型的呢？让我们假想直线世界中有一条大质量的线段。暂停一分钟，来说说我们从我们的时空图表中通常在称为未来的方向上看直线世界。直线世界的空间看上去就像图 124。

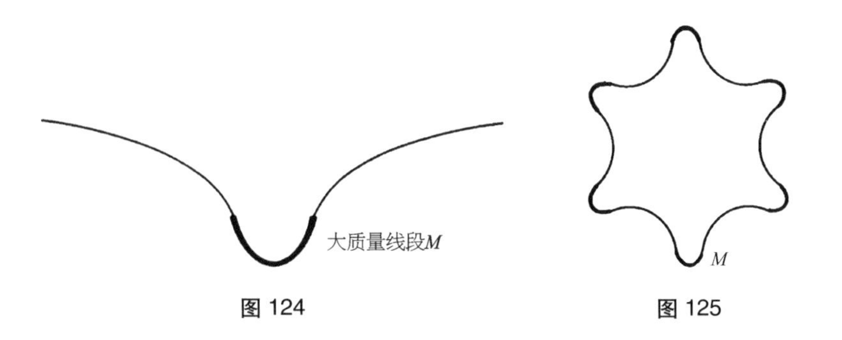

图 124　　图 125

如果我们有许多大质量的线段分布在直线世界的空间中，那么这些线段可以将这一空间弯成一条近似于圆形的封闭曲线（图 125）。无论我们的空间实际上是否封闭——也就是说，近似地弯成一个近似的超球——这依赖于我们的宇宙中包含多少物质！

既然由于物质的存在，那么直线世界的时空的弯曲会是怎样的呢？我们已经在实验中观察到两个事实是要考虑的：(i) 如果一把尺子靠近一个有引力作用的质量，它会变短，(ii) 如果一只时钟靠近一个有引力作用的质量，它会走慢。

譬如说，现在我们考虑直线世界中的大质量线段 M 的中点的世界线。上面的事实 (i) 告诉我们，我们应该伸长世界线 M 附近的空间坐标，所以向 M 运动的一把尺子看上去较短（图 126）。

图 126

上面的事实 (ii) 告诉我们，我们应该收缩世界线 M 附近的时间坐标，所以一只向 M 运动的时钟的滴答显得长一点（于是引起钟似乎走得慢一点，图 127）。

对两个物体在世界线 M 附近实施伸长空间和收缩时间的一种方法如下。

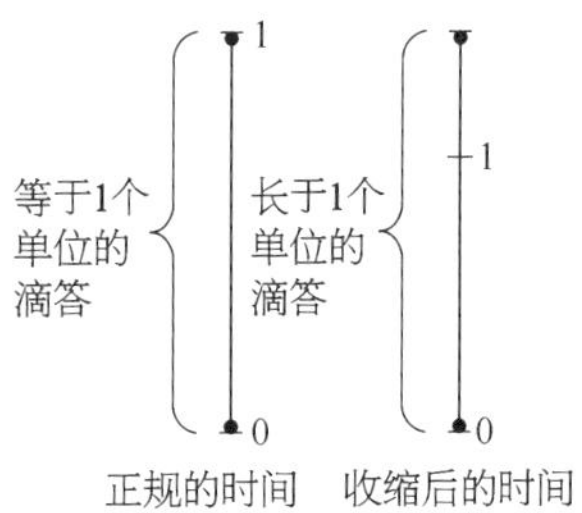

图 127

首先按压远离我们的 M 的世界线以延伸 M 附近的空间。然后弯曲远离我们的整个平面以收缩 M 附近的时间。如果我们不延伸远离 M 的竖直方向上的直线，那么这个效果将是压缩 M 附近的竖直方向的直线（图 128）。

所以人们可以期望具有大量物质的直线世界的时空是一个膨胀的圆形的宇宙（图 129）。

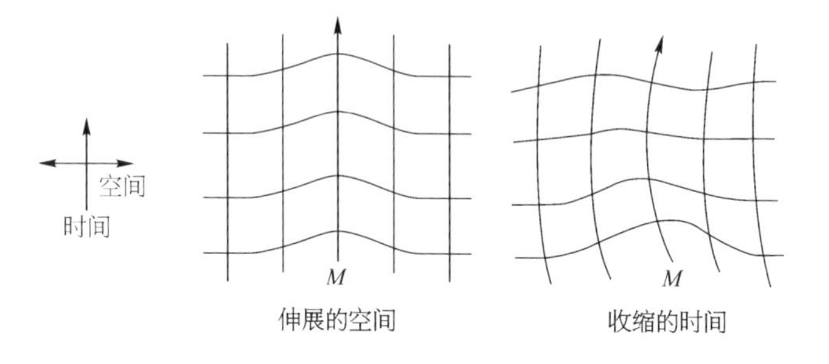

图 128

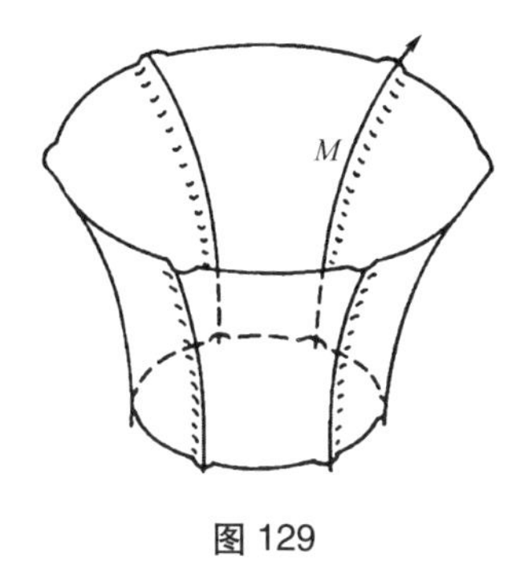

图 129

不错，爱因斯坦的确在计算的基础上猜测我们的空间既是超球形的，也是在膨胀的——这就是被天文学家探测到的我们的宇宙膨胀以前的情况。

注意到我们在图 129 中画的直线世界的时空片段很好适合于前面给出的圆环面时空图。人们可以取图 129，将其毫无困难地塞入时空甜甜圈的孔中。利用观察时空甜甜圈，人们也可以看出由大质量物体附近的时间轴收缩引起的宇宙膨胀最终是如何转变为空间收缩的。

按照我的猜想，这些图是否证明我们的时空是一个带有纹道的甜甜圈？我希望是的，但是图片可能在误导。一个真实的科学证明必须从已经弄清楚的假定出发，经过分析的过程，使得假定的合理性和原因的正确性都能经受审查，于是可测定的量的预测也可以从理论上获得。

广义相对论用第三章中的 G 张量来分析表述。在有一个标准的坐标系的平坦时空中，坐标分别为（x，y，z，t）和（$x+\mathrm{d}x$，$y+\mathrm{d}y$，$z+\mathrm{d}z$，$t+\mathrm{d}t$）的两点之间的区间 $\mathrm{d}I$ 由等式 $\mathrm{d}I^2=\mathrm{d}t^2-\mathrm{d}x^2-\mathrm{d}y^2-\mathrm{d}z^2$ 给定。在具有一个合理的坐标系的弯曲时空中，这一等式在某些点上成立是有可

能的，但不是在一切点上，如果对一切点都成立，那么时空就是平坦的。

一般地说，我们只会有

$$
\begin{aligned}
dI^2 = g_{11}dx^2 &+ 2g_{12}dxdy + 2g_{13}dxdz + 2g_{14}dxdt \\
&+ g_{22}dy^2 \quad + 2g_{23}dydz + 2g_{24}dydt \\
&\qquad\qquad + g_{33}dz^2 \quad + 2g_{34}dzdt \\
&\qquad\qquad\qquad\qquad + g_{44}dt^2。
\end{aligned}
$$

每一个 g_{ij} 的值都依赖于你最近处理的特定的（x，y，z，t）。人们通常认为这 10 个 g_{ij} 函数由单个张量值函数 G（x，y，z，t）表示。当然，在平坦时空中到处有

$$
G(x,\ y,\ z,\ t) = \begin{bmatrix} -1 & 0 & 0 & 0 \\ 0 & -1 & 0 & 0 \\ 0 & 0 & -1 & 0 \\ 0 & 0 & 0 & 1 \end{bmatrix}。
$$

在历史上，阐述广义相对论的最艰难之处是寻找用质量和能量在时空中的分布具体说明 G 张量的“场方程”。你一旦有了 G 张量，那么你就可以沿着问题中的路径对 dI 积分（加在一起）决定相应于时空的任何路径的区间；你可以决定哪一条路径是测地线，即最直的线。

时空中存在三类测地线：空间型、光型和时间型。正如你会期望的那样，一条时空测地线是由沿着空间型区间最小的条件所决定。光型（零）测地线由沿着区间为零的自然条件决定。但是，也许奇怪的是，在时空中沿着一条时间型的测地线的区间必须最大。这三个条件可以看作为将“测地线”定义为“最直的路径”的结果。

在直线世界中，要说明的是接近大质量线段 M 运动的粒子 P 的时

间型测地线看上去就像图 130（如果粒子 P 通过 M 运动是自由的）。当然，这条世界线是一个粒子前后摆动的。如果待在 M 附近，那么世界线得到“较多的时间”（因为时间尺度在 M 附近收缩）和“较少的空间”（因为空间尺度在 M 附近伸长），于是区间（$=\sqrt{时间^2-空间^2}$）变得最大。

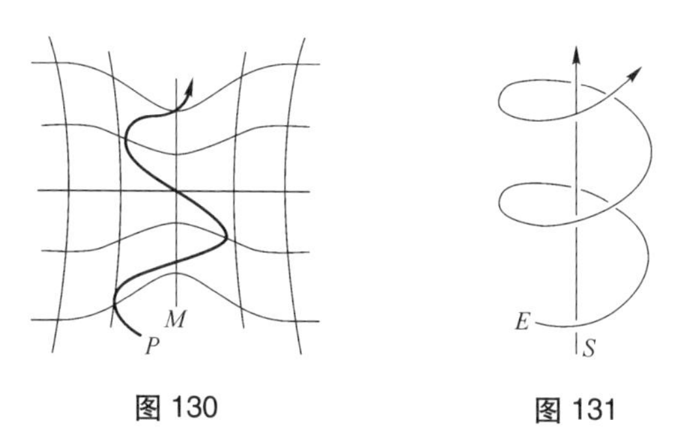

图 130　　图 131

我们不能画出具有大质量物体的平面世界的弯曲时空（因为这将需要 4 个维度），但是要说明的是在大质量粒子 S 附近自由坠落的粒子 E 的时间型测地线看上去就像二维世界的时空中的图 131 那样。

可以认为这张图表示地球围绕太阳的运动。根据广义相对论的观点，地球环绕太阳运动不是因为引力，而是因为地球设法使沿着自己的世界线的区间最大。再说，地球“要”使沿着其世界线的区间最大，因为它在弯曲的时空中自由运行，于是得到一个尽可能直的世界线。（回忆一下，在数学上可以证明最直的时间型路径是最大的区间。）

我们怎么能够看出沿着地球的世界线的区间是最大的呢？这一想法是因为地球是在自由坠落中的，所以可以（由称为等效原理的相对性原理的一个推广）将自身看作是静止的。现在如果地球静止，那么任何飞离地球后来重返地球的人将由地球而感受到自己是在运动的。

但是回忆一下，如果有人相对于地球运动，那么他的时钟走得比地球上的时钟慢。所以这个旅行者在离开和返回之间测量到的时间区间将小于在地球上测量到的时间区间。于是，地球的时间型区间是最大的，所以它的路径确实必须是弯曲时空中的时间型测地线。

要说明的是光线的世界线——零测地线——也是由于物质的出现而弯曲的。广义相对论的“光有重量”的这一预言在1919年的日食期间得到了验证（见注释书目中的爱丁顿的书）。但是，更为兴奋的是实际上从一个足够致密的恒星发出的一束光线的路径将会如此弯曲以至于落回该恒星，从而使我们见不到这颗恒星（图132）。

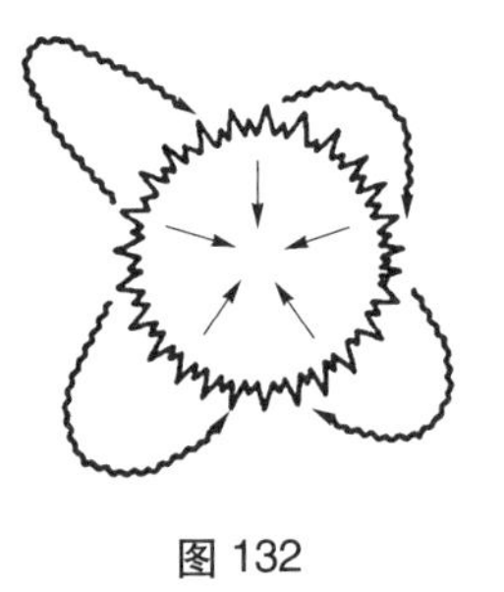

图132

这种见不到的恒星称为黑洞。任何东西都不能从黑洞中逃逸。它究竟是怎样产生的呢？让我们回到直线世界。大密度线段 M 看上去就像图133，正如我们前面说过的。

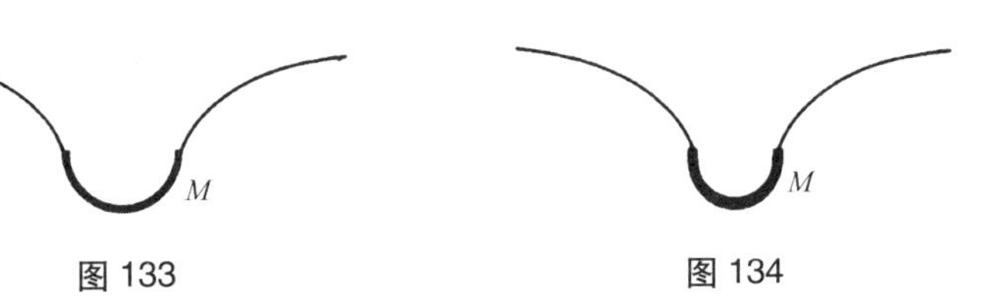

图133　图134

在正常情况下，一颗恒星在其自身引力吸引下是不会坍塌的，因为恒星有大量炽热气体而呈现膨胀趋势，所以这一引力被逆向平衡。但是如果一颗恒星冷却，那么它就会收缩，密度变大（图134）。

在正常情况下，一颗恒星内部的电子彼此间所具有的电斥力将使其免于进一步坍塌，但是如果质量足够大，这一斥力会被克服而继续收缩（图135）。

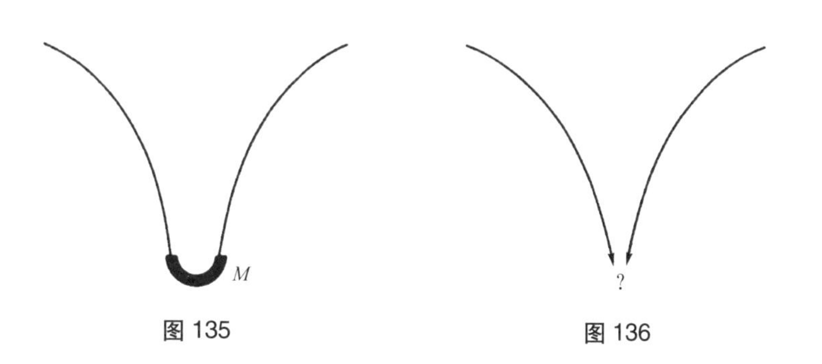

图 135　　图 136

一颗恒星一旦收缩超过某一限制，似乎没有什么东西能阻止它实际上收缩到一点。在这样一点附近的空间的伸长和时间的收缩都趋向于无穷大，物理学定律在这样一点处崩溃了，于是这一点就称为奇点（图 136）。

我们不能指望观察到黑洞所包括的奇点，因为一旦恒星收缩得足够多，其外表并没有改变。一旦该恒星收缩到小于所谓的视界（event horizon，黑洞表面），那么任何信号都再也不能逃逸该恒星。然而请注意，原则上人们不能在时间的有限区间内去奇点旅行，因为强大的场会粉碎一个人的存在。虽然空间的延伸变得无穷远，以至于奇点出现在无限远，当人们接近它时，时间的收缩变得无限，所以一个人的生命变得无限长。但是，这些无限只是相对于视界以外的时空。鲁莽的黑洞探险者将会发现他似乎只是在他生命中的几个小时内就到达奇点。

图 137 呈现出直线世界的两张时空图，这两张时空图都包含一条稠密线段坍缩为奇点的情况。直线世界中的任何个体的同时线弯向奇点之下，因为在外界的观察者看来完全坍缩需要永久。从正面看这是很清楚的。从背面看，人们也可以看出到奇点的距离也变得无穷远。

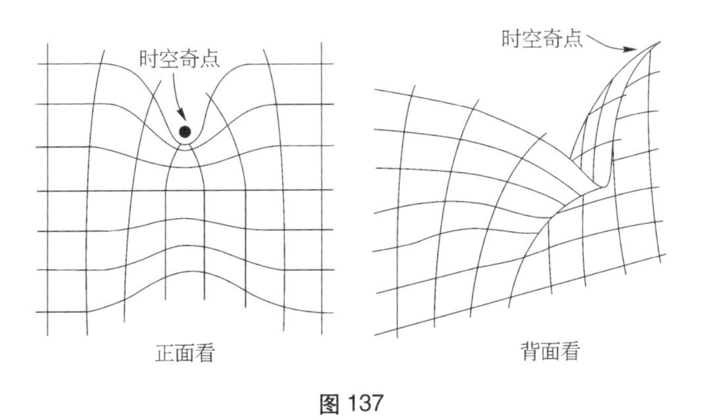

图 137

如果一个人观察这两张图，并且回忆起光线永远走平分时间轴和空间轴的夹角的世界线，那么在奇点附近发射的光线不能逃逸“低谷”也是明显的。

在奇点处实际上究竟发生了什么呢？如果一个人有一个超球空间，那么他见到的是所有奇点都是同一点，这是引人注目的。我们在图 138 中画了有圆形空间的直线世界，有两颗恒星已经坍缩于奇点。

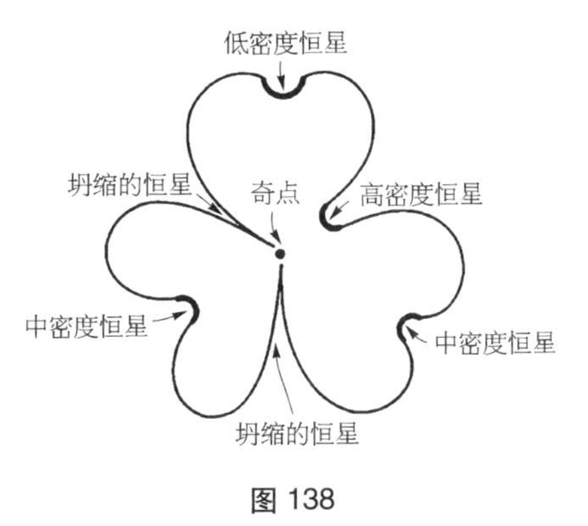

图 138

如果一个人通过奇点有可能存活，那么他就能飞进一个黑洞，预期从一个不同的黑洞出来，这样他就能很快地从宇宙的一边到达另一边。

实际上有人提出，如果当一颗恒星坍缩时旋转得足够快，那么可能飞进这样一个黑洞而毫发无损地出来。假定存在一个旋转的黑洞，一个物体掉入其中，然后出现在别的地方。我们把所有物体都冒出的地方称为什么呢？自然称白洞了。有一种猜测说，每一个星系其中心都有一个白洞，所以一个星系就像散布在一个山泉四周的小水坑。

如果我们回到时空甜甜圈，在时空中就能正视这一整个的场景。黑洞将是甜甜圈中变得越来越深的沟槽，环绕甜甜圈周围向中心奇点靠拢。白洞将是深深的沟槽，这些沟槽直接从中心奇点出来汇合曲面，随着白洞的运动，曲面变得平坦。

所以，一切已知的时空奇点——原有的，最后的，黑洞和白洞——可能都是同样的。我们应该给这一奇点起什么名称呢？似乎没有什么名称较为合适。

我们用时空的大尺度结构考虑宇宙的结构开始了这一章的论述。然后展示了广义相对论是如何用时空的中等尺度曲率解释引力的。一些作者提出用时空的小尺度曲率解释物质的存在。1870 年数学家克利弗德（W. Clifford）采用了以下方法（见 Misner，Thorne and Wheeler 供参考）。

> 我秉持以下事实：(1) 空间的小部分事实上是类似于自然界中总体上平坦的表面上的小山；也就是说，通常的几何规律在这里是不成立的；(2) 弯曲或扭曲这一性质是像波的传播那样从空间的一部分连续扩展到另一部分；(3) 空间曲率的变异实际上是发生在我们称之为物质的运动这一现象中的，不管这种物质是可衡量的，还是虚无缥缈的；(4) 在物理世界中除了这种变异，关于连续性的定律的（可能的）题材以外，没有其他情况发生。

一个稍稍不同的观点是有质量的粒子实际上是微小的黑洞，是环绕一个奇点的视界。况且，如果一切奇点是同一个点，那么一切时空、一切物质也将只是连接这个中心奇点的“沟槽”的一个迷宫。

此外，有人提出，说我们的空间实际上附有一个微小的 4 维厚度，基本粒子都是限制在我们的超平面内运动的小小的超球。我们空间的微小的 4 维也许从两个粒子在直接碰撞过程中互相靠近的现象中可以觉察，但是有时可能彼此错过（图 139）。

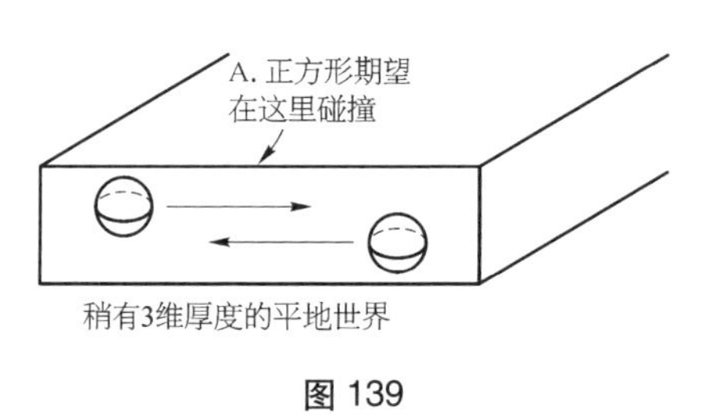

图 139

这些小超球是由什么组成的呢？——是纯粹的弯曲空间吗？也许，另一个有趣的可能性是这些小超球中的每一个在某种程度上都和我们的空间这个大超球相同。这一概念在我的小说《时空甜甜圈》（*Spacetime Donuts*）中得到了发挥。

如今，对于时空的小尺度结构这一问题的最好的想法似乎是，一旦你走到 10^{-33} 厘米大小的级别，那么实际上不存在独特的结构（见 Misner，Thorne and Wheeler 的最后一章）。这一想法认为时空在这个大小尺度上是“泡沫状的”，这一规模连接着分散得很广的事件，这些事件不断地形成和消失。惠勒（Wheeler）甚至提出电荷现象可以用这样一种多重连接的空间结构解释。

第七章的问题

（1）考虑这两类不同的膨胀的宇宙：平坦空间：120 亿年前，宇宙中的一切物质都集中于空间的一个点。发生了一次巨大的爆炸，这次爆炸的碎片从此就在离开这一爆炸的点在空间中猛烈散开。球面空间：120 亿年前，我们的超球空间的半径是零。空间是一个能量无限密集的单个的点。发生一次巨大的“爆炸”，空间携带着物质的碎片开始膨胀。

现在回答这两种模式的这些问题：(a) 宇宙开始时的空间的位置在哪里？(b) 我们是否有可能见到宇宙的开始（即接收到当时发出的光信号）？(c) 如果宇宙开始收缩，有没有办法避免与宇宙中的其他物质一起坍缩回一点？

(2) 在我们用直线世界的时空作出的图中，如果我们将一些物质看成是时空中的一道沟槽，那么当物质和反物质相遇时，它们都会同时消失，那么我们应该如何观察一些反物质？

(3) 圆环面时空可以在第六章中描绘的循环的时间宇宙中取一个管状的截面，并以同一个方向连接两端得到（图 140）。在 6 维空间中由相反方向的时间圈的两端连接得到一个“克莱因瓶时空”是可能的（见第三章的末尾）。你是否能从一次环绕这样一个宇宙的循环空间旅行中找出回来的路径？是否有可能将个体的时间纳入这样一个宇宙中的一个一致的普遍时间？

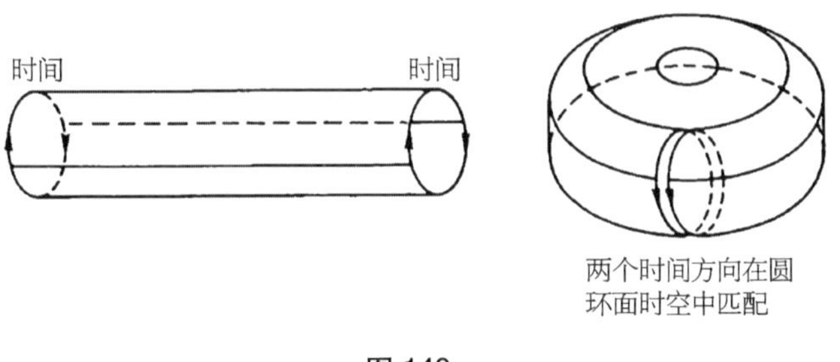

图 140

(4) 狭义相对论的孪生兄弟悖论是这样的：假定我的一个孪生兄弟以几乎是光速的速度飞离地球十年，然后让火箭停下，用他的时间十多年内返回。当他返回时，我已经老了二十年，他也老了，譬如说老了一年。他不会认为我离开他后回到他面前，所以我的生物钟走得慢，于是期望我比他年轻了 19 岁吗？（图 141）。答案是否定的，因为当旅行者转身时，他改变了参照系（详见 Taylor and Wheeler）。如果空间是超球形的，所以旅行者永远不必“转身”，那么情况又如何呢？

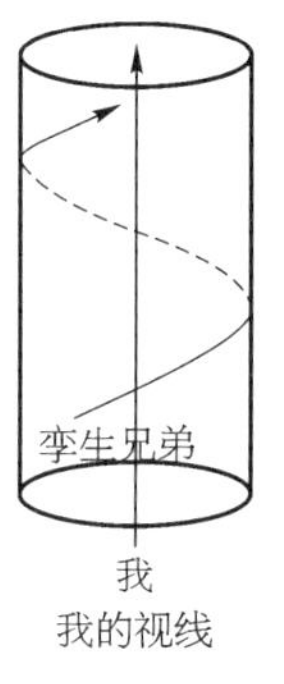

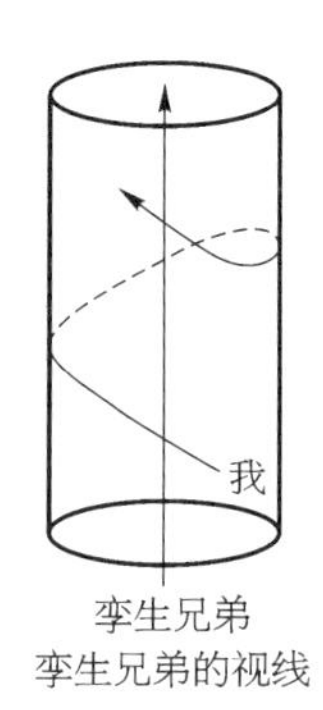

图 141

第八章

结束语

几何对象是不变的形式。本书的目的是将宇宙描绘成一个几何对象，它恰好享有被我们感受到的存在的性质。

我们展示了我们的宇宙中时间的流逝和各种可见的变化是如何可能用4维时空的术语进行思考而消除的。

同时的相对性比什么都重要，它推动了时间并不真实消逝的观点。这一论点出现在哥德尔的论文中，该论文名为“评相对论和唯心主义哲学之间的关系”，该文收集于希尔普文集之中。这一想法是，如果同时性是一个相对的概念，那么将时空看作是因存在而不断出现并消失的一堆独特的“现在”是不可能的。过去和现在是真实存在的。

这是一件值得记住的事情。正如厄普代克（J. Updike）在《兔子归来》（*Rabbit Redux*）一书中写的那样，“时间是我们的元素，但不是一个错误的入侵者。”期盼好的时间，害怕不好的时间是一个错误。它们是你所在的4维物体的全部。走近永恒的最好方法是走近现在，因为是不存在立刻的时间的。我们用理性的思维抓住世界的时候时间就产生了。

一旦我们接受了4维观点，就可能将宇宙看作为单个的物体，其结构是我们能够研究的。将宇宙的每一特征能归结为时空流形的某个几何性质的希望是存在的。当爱因斯坦将引力归结为时空流形的曲率时，他在这个任务中迈出了决定性的第一步。

将宇宙看作是单个的物体是一件伟大的事件。我们将以爱因斯坦的一封信的摘录作为结束语。

> 一个人是我们称之为“宇宙”的这一整体的一部分，是局限于时间和空间的一部分。他的亲身体验，他的思想和感情，就像从其他东西中分离出来的一些东西，即他的意识中的一种视觉上的幻觉。这一幻觉对我们是一种禁锢，限制了我们个人的愿望，影响了我们最亲近的一些人。我们的任务必须是摆脱这种禁锢而获得自由，开阔我们的同情之心，以宇宙的美拥抱所有生命和整个自然界。没有人能够完全做到这一点，但是尽力取得成功本身就是解脱的一部分，是内心安宁的一块基石。

注释书目

Edwin A. Abbott, *Flatland* (Dover reprint, New York, 1952).

独一无二。《平面国》（*Flatland*）首次出现大约是在1884年，阿博特是英国人，像所有关于这一题材的作家一样，分享着那个国家庄严诙谐的资源。《平面国》是一本很有趣的书。

该书是以A.正方形的自传体的形式写成的，有两个部分。第二部分包含了A.正方形的维度探险，包括点世界、直线世界、空间世界和思想世界。第一部分包含这方面的内容很少，最多的是斯威夫特式的社会讽刺。

例如，尽管他写的是A.正方形在监狱里的回忆这一事实，但是A.正方形还是以托里党人批准的名义细说政府粗暴对待这些非正多边形（相当于二维世界的瘸子）："让这些伪称为了慈善事业的倡导者尽他们所能去废除不规范刑法，在我说来，我从不认识一个叫非正多边形的人，显然他也不是大自然所希望的那个样子的人——是伪君子呢，还是厌世的人，在他的权力范围内，一个干尽坏事的恶棍……我提议让这个不合规的后代无痛苦仁慈地消耗殆尽。”

在二维世界中，一个正多边形的边越多，他的社会地位越高。妇女是直线段。A.正方形对妇女的言论引起注意，即使在19世纪也足以引起人们评头品足，在第二版的序言中（据称是A.正方形的一位熟人写的）说了这么多：“有人反对，说他［A.正方形］是妇女仇视者；这一反对声是由那些被大自然的旨意所支配的空间世界（Spaceland）种族中占较大一半的人强烈发出的，我想除去它，到目前为止我这样做是真诚的。但是这个正方形不习惯使用空间世界的道德语言，如果我实实在在转述他对这个指控的上诉的话，那么我将陷他于不义。”

第二部分中A.正方形的空间世界的经历的一个方面似乎特别有疑问。这是他从空间世界学到的看见二维图像的能力。例如，由此他可以俯视他的房屋内部，见到他熟睡的家人的身体的内部。具有二维视网膜的三维人肯定会看到这一切的，但是A.正方形的视网膜想必是一维的，是在他扁平眼睛背后的一条直线段。

我想说的是，即使被提升到平面世界，A.正方形的视觉空间仍然是已退化为一条亮度变化的直线（视网膜的像）的平面（他的身体）。同理，如果我们被提升到超空间，我们的视觉空间会仍然将是已退化为一个亮度变化的平面（视网膜的像）的三维空间（我们的身体）。所以，如果A.正方形在二维世界中前后漂移，他可以看到二维世界的每一个可能的一维截线，也许能够将这一切合在一起形成一张完整的二维图像，但是他不能同时见到整个二维世界。用这样的方法，如果我们进入超球，我们就能看到我们的空间，随着我们转身运动，我们就能看到每一种可能的空间的二维图像的截面，或许在脑子里形成我们空间中的每一件事的完整的像（内外）。当然，如果我们被迅速带进超空间，那么我们将拥有一个完整的具备四维的眼睛的星状肉体（灵魂），这一问题将不会出现。

Jorge Luis Borges, *A Personal Anthology* (Grove Press, New York, 1967).

就我们的目的而言，在此，这本有趣的小册子是“对时间的一个新的反驳”（A New Refutation of Time）。但是，另一些故事和小册子也是很迷人的。例如，“阿列夫（The Aleph）”可被视作对时空奇点外观的描述。博尔赫斯（Borges）写了大量其他有趣的科学故事。例如，源自《无花果》（*Ficciones*）的“The Garden of Forking Paths”提供了德威特（DeWitt）的关于分支时间的书的引言。

在“对时间的一个新的反驳”中，博尔赫斯采用了贝克莱和休谟的形而上学唯心论，似乎是其必要的逻辑结论：“我否认将所有事件相联系的一个单个时间的存在……我们生活的每一时刻是存在的，并不是这些时刻的想象中的组合。”所以只存在割裂的心理状态，按惯例结合在一起形成一个时间流。为了搞清楚时间流是以什么方式受到一个完全理想主义的干扰的，博尔赫斯是这样解释的：“我们可以假设，在一个个体的脑子里……两个完全相同的时刻……这两个完全相同的时刻是同样的时刻吗?”（这里注意到哥德尔是很有趣的，他也写了关于变化的不现实性的文章，用一个类似的论断支持对我们来说思想有一个外在现实的观点……因为两个不同的人可能有同样的思想。）

这个对时间的理想主义破坏是用一个写得十分漂亮的例子描述的。博尔赫斯后来以一段非常悲伤的话结尾：“然而，然而……否定时间的顺序，否定本身，否定天文学的宇宙，是明显绝望和秘密协商的举措。”结束语是“遗憾的是，这个世界是真实的，遗憾的是，我博尔赫斯，也是真实的”。

Claude Bragdon, *A Primer of Higher Space* (Omen Press, Tucson, Arizona, 1972).

这本可爱的小册子原来是1913年在罗切斯特出版的，布拉格登（Bragdon）是一个著名的人物，他不仅是建筑师和景观设计师，而且还写了大约17本书。他与他的许多神秘玄妙的时间运动有牵连，他的关于神秘主义和第四维的书 *Explorations into the Fourth Dimension*（原来叫 *Four Dimensional Vistas*）在1972年由 CSA Press in Lakemont, Georgia 重印。

Dionys Burger, *Sphereland* (Thomas Y. Crowell Co., New York, 1965; Apollo Editions, New York).

《球面国》（*Sphereland*）这本书原来是用荷兰文写的。该书以总结阿博特的《平面国》开始，据说后来是由A.正方形的孙子A.六边形继续写成的。

这本书没有《平面国》那样辛辣的讽刺，而提供了一个很好的戏剧性的描述，说二维世界的居民可能发现他们的空间（进入球面）的弯曲是由于足够大的三角形的内角和明显大于180°这一事实；二维世界的居民如何将世界看作为一个膨胀的球的表面，去解释观察到的远距离的物体的收缩。这本书的一个奇异的特征是在书中二维世界的居民有点像鸟类，也就是说，它们生活在一个中心是个有引力的质量圆盘内（比较：球面的大气）。他们的自然路径是环绕这个中心质量的一个个圆。

Carlos Castaneda, *A Separate Reality* (Simon and Schuster, New York, 1971).

卡洛斯·卡斯塔内达（Carlos Castaneda）写了四本关于他与一位

名叫唐望的墨西哥巫师邂逅的系列图书。《一个分隔的现实》（*A Separate Reality*）是系列书籍中的第二本，也许是最好的一本。

唐望的教诲背后的基本思想是我们创造周围的世界是由于我们的假象。我们的解释的理性体系找出一套特定的看法，以某种方法将这些看法相联系，并宣布出来。“世界就像这样。”唐望使卡洛斯认识到这一点，迫使他放松警惕，以完全不同的方式解释现实，以此对卡洛斯产生影响。取得这一成功的特殊方法是这样描述的：仪式性地使用迷幻药，停止内心独白，集中于声音而不是情景，试图让你在睡梦中醒来。

唐望的目标并不怎么想说服卡洛斯相信鬼魂，相信会说话的丛林野狼，等等，为了给他看看像这样的信念是合理的，譬如说就像6: 30的新闻内容。你见到什么取决于你准备去看什么。

我总是认为唐望在试图使卡洛斯用时空的术语开始看待事物。特别是，一件事情（这里唐望使卡洛斯看到同一片叶子连续三次从树上掉下来）似乎支持这一观点。但是最近我在想唐望的真正教诲是，当我们意识到所有的解释体系可能都是同样随意的时候，有可能离开这一可能的世界，在惠勒（Wheeler）所称的超空间生活一段时间。

有人会认为，如果将所有可能的世界都看成同样是有效的话，那么将会毁灭道德考量的任何正当性，但是唐望对这一问题的回答是：“我选择生活，选择大笑，并不是因为这很重要，而是因为这一选择是我天性的倾向……一个有知识的人用心选择一条道路，并走下去……没有什么比什么都重要，一个有知识的人选择任何行动，并把它表现得好像对他很重要。”（pp.106 – 107）。

Bryce S. DeWitt and Neil Graham, editors, *The Many-Worlds Interpretation of Quantum Mechanics* (Princeton University Press, Princeton, N. J., 1973).

这本平装书的核心是埃弗雷特（H. Everett）的专著，“*The Theory of the Universal Wave Function.*” 在其他著作中，还有惠勒的一个“评价”，以及德威特对埃弗雷特的理论的一个初步介绍。

埃弗雷特的出发点是在量子力学中一个系统可以用两种方法改变（这里以相反的顺序给出）。过程 2：当一个系统停留在本身的状态时，它在任何一种特征状态中是不确定的。它在各种特征状态中被观察到的概率是以一种连续的方式随着时间的流逝演变的。过程 1：在对一个系统实施测量时，发生一个不连续的“状态向量的坍缩”，所以一个特定的特征状态的概率变为 1，其他所有特征状态的概率变为 0。

现在说你（或者一只猫咪）在一间房间里，你在中午对某个系统作一次测量。那时你感到这个状态向量坍缩了。但是，对于一个在房间外的某个人来说，他将你-加上-你-正在-观察的-系统-看作为是一个单一的大系统，你的结果没有坍缩为一个独一无二的特征状态，直到他打开门看到你为止。

于是，埃弗雷特建议，既然其他人总可以走进房间，为什么不假定我们也是状态向量，以一定的概率同时存在许多不同的特征状态，并且“我们之一”观察我们所作的每一个实验的可能结果。这里的图像是一个分支宇宙的图像，尽管实际上分支是如此的密以至于可能宇宙的一个连续的超空间是一个更合适的图像。

如果宇宙果真像这样的话，那么是否有方法确保你下次搭飞机时不进入你的飞机将坠毁的“分支”？说你分成两半并不是那么简单的，一个“你”进入两个可能的未来，其中的一个有压力感，感觉到一个真实的生活不同于其他可能的生活。当然，这个感觉可以作为一种幻觉，与一个人的幻觉相提并论，时间真正流逝着，但是存在一种唠叨的感觉，还有更多的事情要做。

刚才提出的问题等价于这一模式能够如何正确地解释观察到的概率分布。

J. W. Dunne, *An Experiment with Time* (Faber and Faber, London, 1969).

这本奇特的书最初是在 1927 年出版的。一些似乎是梦幻预知的东西是在某些值得记忆的经历的基础上的。邓恩（Dunne）已经开始相信我们的梦幻借鉴了未来的事件，也借鉴过去的事件。在这本书中他描述了他试图证明梦幻预知确实是发生的，以及他的这种现象也可能发生的理论（连续时间）。

实验测试背后的思想是让大量的人将每天早晨能够回忆起的所有特定的梦幻的印象写下来，然后密切注意这些印象的真实性。邓恩的大量课题的确观察到这些梦幻本身的预知，但是正如邓恩本人所指出的那样，这些观察中的大部分可以作为机遇或自我暗示写下来。尽管如此，这个想法是有趣的，例如，我的经验就是如果你开始寻找这一现象，你将发现一些相当惊人的例子。

邓恩的连续时间理论引出了帕克（D. Park）将所称的“生动的闵可夫斯基图的谬误”作为它合乎逻辑的结论。也就是说，邓恩从他在时空中的世界线出发，但然后他断言他的意识是沿着这条世界线运动的。当然，他的意识在运动的时间与时空块宇宙的凝固物理时间并不相同[类似地，在冯内古特（Vonnegut）的《五号屠宰场》（*Slaughterhouse Five*）中，英雄的意识在物理时空外的时间中运动]。现在，由于意识存在于时空之外，所以它能够自由地超越时空，在这儿和那儿各挑一点编织梦幻。另外，如果意识在所处的物理时空的未来中发现一些令人不快的事情，那么它可以更换这一时空。于是，当第二个时间（意识时间）流逝时，我们有一个正在改变的时空。

对于世界和意识凝固的时空，这一整串思路可以被重复，所以一个人最终会有时间和意识的无限回归。正如我在某些场合指出的那样，我赞同这样的观点，我们对时间消逝的感觉应看作为一个幻觉，看作为宇宙的时空几何的一个人工制品。但是，邓恩对他的连续时间的概念的解决方案是十分有趣的，也许可以看作为在迈斯纳（Misner）、索恩（Thorne）和惠勒的书所描述的超空间概念的一种模糊的先驱。

一句话记在脑子里，“因此，你，观察着你的终极者，你总是在你能在脑海中勾画出连贯画面的任何世界之外。”

Arthur S. Eddington, *Space*, *Time and Gravitation* (Harper & Row, New York, 1959).

该书是在 1920 年首次出版的。爱丁顿写了许多书，人们可以称这些书是科普的，或者科学哲学的，这些书都很出色。人们不会很快忘记爱丁顿的愉快而轻松、带一点幽默的风格，但是总的来说是严肃的、有倾向性的，不过从不是盲目崇拜的。

《空间，时间和引力》是以几何的本质作为前言开始的，生动地引出了一个问题，即尺子的长度与它在宇宙中所处的位置有关或者无关究竟意味着什么。该书在后面用闵可夫斯基图清晰地描述狭义相对论（也许是第一次如此通俗地表示），相当详尽地展示了广义相对论，并对广义相对论的实验测试进行了阐述。第十一章是绝无仅有的，它以“规范”的形式给出了 H. 外尔的电磁学几何理论唯一流行的表述[可见外尔的书《空间，时间，物质》（*Space*, *Time*, *Matter*）是相当难的。]《相对论的数学理论》（*The Mathematical Theory of Relativity*）是爱丁顿的《空间，时间和引力》的姊妹篇，该书于 1975 由 Chelsea 重印。在某种程度上，后者作为前者的介绍，有兴趣的读者不妨这样使用。

《空间，时间和引力》最后一章呈现了爱丁顿的令人印象深刻的思想，这就是“当科学进展到最远的地方时，思维方式只是从自然界重新得到，又注入自然界”。也就是说，“我们的整个理论实际上一直是以最一般的方法讨论的，其中永恒的物质［的幻觉］可能以这种方法由各种关系构成；这就是思维方式，通过坚持只关注永恒的事物，实际上将这些法则强加于一个冷漠的世界。”他在《物理科学的哲学》（*The Philosophy of Physical Science*）（通俗）中进一步发展了这个思想，并在《基本理论》（*Fundamental Theory*）中将此推向了极致。在这最后一部著作中（在他死后从他的笔记中收集到的），爱丁顿在某个先验认识论考虑的基础上着手推导自然界的一切物理常数（例如，普朗克常数、电子的质量、宇宙的半径，等等）。该书表达了他早期的企图之一就是将广义相对论与量子力学结合，用惠勒的话说，“一场火热的婚姻还是完美的。”

Albert Einstein, *Relativity: The Special and the General Theory* (Crown Publishers, New York, 1961).

这本小册子的正文是爱因斯坦在 1916 年写的通俗阐述的一个译本。还有一个最有趣的附录，这是写于 1952 年的“相对性和空间问题”。

大多数通俗阐述相对论的书籍事实上是这本漂亮的书的改写本。但是，要改进爱因斯坦明确而友好的表达实质上是不可能的。上面提到的附录指出：“因此，将物理现实想象为一个四维存在，迄今为止，而不是二维存在的演变，这似乎更为自然”，并且“时空并没有宣称自己的存在，而只是场的一个结构性质”，最后简短地叙述了爱因斯坦试图建立统一场论。

Albert Einstein, *Sidelights on Relativity* (E. P. Dutton and Co., New York, 1923).

遗憾的是这本高度可读性的书绝版了，不容易弄到。该书包含爱因斯坦的两次演讲的译文，“以太与相对论”（1920）和“几何与经验”（1921）。

阅读了这两篇通俗演讲后，人们可以得到印象，即相对论的确放弃了经典物理学的充满在粒子之间的空间，并提供光的传播介质以太。爱因斯坦在第一次演讲中清楚指出在有限的意义上说这是正确的：“狭义相对论不允许我们假定以太是由通过时间可以观察到的粒子组成，但是以太的假定与狭义相对论没有矛盾。”然后他以广义相对论的方法继续描述说，以太理论其实是：“对‘空无一物的空间’在其物理关系上既不是均匀的，也不是各向同性的这一事实，迫使我们用十个函数（引力势 $g_{\mu\nu}$）描述它的状态，我认为，已经最后解决了空间在物理上是空的观点。但随之而来的是以太的观念又一次得到了可理解的内容。”

“几何与经验”这篇演讲与我的书高度相关。考虑这句话：“几何必须通过协调真实的经验对象与公理几何的空洞概念框架剥夺其仅有的形式逻辑的特征……几何显然是一门自然科学；事实上我们可以将几何看作为最古老的物理学的分支。”爱因斯坦作了这番讲话后，继续考虑宇宙几何可能是怎么回事。为了避免庞加莱的世界是欧氏几何的，物体的任何非欧行为都归于各种不同的“力”的传统观点，爱因斯坦作出了明确的假定，“如果两片区域被发现在任何地方曾经相等，那么它们永远处处相等。”这就是说，我们与其说一根一米长的杆子在高密度的物体附近是收缩的，不如说高密度的物体附近的空间是伸展的。

他在结束时说，将球面和“平面球”之间的相应的描述与立体射影比较，因此人们可能用这种方式将我们的空间想象为“平超球”，可使超球较为直观。

Albert Einstein, *The Meaning of Relativity* (Princeton University Press, Princeton, 1953).

本书的第一版出版于 1922 年，由爱因斯坦在普林斯顿发表的四篇演讲稿组成。爱因斯坦给我们简捷地提供了狭义相对论和广义相对论的复杂的进展。

在该书的第一页上就能找到现实是什么这一问题的一个有趣的回答：“借助于语言，不同的人在某种程度上可以比较他们的经验。用这一方法表明不同的人在某种感知互相对应，然而在其他方面不能建立起相应的感知。我们习惯于将不同的人共有的那些感知看成是真实的，因此在一定程度上是非个人的。”

A. Einstein, H. A. Lorentz, H. Weyl and H. Minkowski, *The Principle of Relativity* (Dover Publications, New York, 1952).

这一关于相对论的原始论文集的译本首先在 1923 年问世。

爱因斯坦关于相对论的第一篇论文“论动体的电动力学（On the Electrodynamics of Moving Bodies)”(1905）就在其中，预期普通读者可以不很困难地阅读引言和前两小节。用这种方法接触相对论的诞生是一个令人非常兴奋的经历。

闵可夫斯基的著名论文“空间和时间（Space and Time)”(1908)

也在其中，我将促使有兴趣的读者至少要读完这篇论文的前两节。发明狭义相对论的几何解释的是闵可夫斯基，这我曾经用到过，他这一译本中的风格显示出华丽的气质："我可以用这支最果敢的粉笔在黑板上投射出四条世界轴。事实上，只是因为一条粉笔轴由分子组成，所以所有的轴都是激动人心的，而且参与地球在宇宙中的旅行，它已经为我们提供了对抽象的更大眼界；与 4 这个数有关的更大抽象对于数学家是没有伤害的。"

J. T. Fraser, F. C. Haber and G. H. Muller, editors, *The Study of Time* (Springer-Verlag, Berlin, 1972).

本书包含在 1969 年举行的国际时间研究协会第一届大会上发表的论文。由其中多布斯（H. A. C. Dobbs）写的文章"可感知的当下的维度（The Dimensions of the Sensible Present）"，我采用倒转为 4 维现象的内克尔（Necker）立方体的想法出现在这里。

本书中最有价值的短文是由帕克写的"时间流逝的神话（The Myth of the Passage Time）"。帕克令人信服地断言，支持时间并不真正"消失"的立场；你曾经画过闵可夫斯基时空图，想象第二次时间消逝时，一个特定的空间截面向上穿过这张图"活动起来"，什么也得不到。

Martin Gardner, *Relativity for the Million* (Macmillan, New York, 1962).

本书有丰富而吸引人的插图。当我还是一个中学生时，第一次设法弄到了一本。我是充满了想法和乐趣去阅读的。点亮我持续希望有一天完全理解广义相对论的正是这本书。这肯定是一本最基本的、处理得当的书之一。

加德纳的《灵巧的宇宙》（*The Ambidextrous Universe*）一书包含一些关于 4 维空间的有趣材料，他的收藏《数学嘉年华》（*Mathematical Carnival*）中有一节是关于超立方体的。

S. W. Hawking and G. F. R. Ellis, *The Large Scale Structure of Space-Time* (Cambridge University Press, Cambridge, 1973).

这一有着美丽插图的技术著作是对时空性质（曲率，因果关系等）的一次研究，以及当你到达时空“边界”即奇点时发生什么。

作者的某些考虑意味着对以下事实进行了讨论，即“现代关于宇宙开始膨胀时的过去就存在奇点。在原则上这一奇点是我们可以看见的。这可以解释为宇宙的开始”。关于黑洞的大量有趣的结果已经证明。

一般的读者将不能详细领会这些论断，但是一些插图肯定是值得看的。例如，本书是学习彭罗斯（Penrose）图的最佳读物。在第 169 页中有一张哥德尔宇宙的特别有趣的概图。

David Hilbert and Stephan Cohn-Vossen, *Geometry and the Imagination* (Chelsea, New York, 1952).

本书是根据希尔伯特于 1920 年在格丁根的讲义，由康福森（Cohn-Vossen）在 1932 年精心翻译的。

人们喜爱的这本书的第 23 节在这里是最相关的。在这一节中作者描绘了六个正 4 维胞腔（多面体）。其中五个类似于 3 维的五种正多面体，一个是 24-胞腔，它在任何其他维度中都没有类似的东西。在一切 n 维空间（n 大于或等于 5）中，只有三种正胞腔（多面体），即类似于正方体、正四面体和正八面体。

《直观几何》也有关于各种几何的特别迷人和高度直观的一章，还有关于克莱因瓶以及作为在4维空间的闭曲面的投影平面的透彻讨论。

C. Howard Hinton, *The Fourth Dimension* (Sonnenschein, London, 1904).

1888年Swann Sonnenschein & Co.出版了辛顿（C. H. Hinton）所作的名为《思想的新时代》（*A New Era of Thought*）的一本书。在这本书中，辛顿猜想我们的空间可能有一个4维厚度的小薄片，所以我们的神经系统的最终组成部分实际上是高维的，于是能使人类的大脑去想象4维空间。“我研究了十多年的这一独特的问题已经完全解决了，”辛顿说，“要头脑获得一个作为适合于我们的三维空间的高维空间是可能的，并以同样的方法利用它。”然后他用一套27块涂色的立方体实施操作详尽勾画了一系列智力练习，这一套27块涂色的立方体能合在一起拼成一个单个的大立方体（辛顿的出版商实际上一次就卖掉好多套这样的立方体）。这一想法是人们可以学习了解立方体中的内在“相邻”关系，而与立方体在3维空间中的任何特定嵌入无关。如果你能够学会将一个立方体与其镜像想象为同样的东西，那么根据你的方法你就能在4维空间中思考。

于是，《第四维》的一部分也是致力于这些练习和各种变体。我不能说，我已经在练习上花了好多时间，因为这些练习似乎是难以忍受的乏味，包括对任意标签的计分的记忆。在我看来，存在更好的更直接学习“看到”4维空间的方法。

但是，渐进的启蒙道路在辛顿的案例中是明显有效的，因为《第四维》包括大量有趣的进入高维空间的见解。例如，有对可能在4维空间旋转的类型有详尽的分析，从而将电表示为4维以太中的一个涡流环。也有辛顿对建立在用区间代替距离的基础上的闵可夫斯基几何的非凡期待。

收集在辛顿的两卷名为《科学的小说》（*Scientific Romances*）中的作品也许是辛顿的作品中最有趣的。1904 年由 Swann Sonnenschein 出版的第一辑中还有另一些内容，包含“平面世界（A Plane World）”，发展了在阿博特的《平面国》中的物理。第二辑出现在 1909 年，这里辛顿一如既往坚持具有有益效果的高维空间的观点：“在乘火车旅行时我经常在想，小伙子和跑腿男孩在两个黑暗的地下车站之间弯着腰看印刷质量低劣的报纸碎片，读可怕的故事，我常在想，如果他们在做一些我称之为‘与空间交流’的事情，那该多好哇。”这一卷以名为“未完成的交流”的一个奇怪的现代主义故事结束，它涉及的是一个称为“非学习者”以及随后的去时间化的年轻人的经验。最后这个故事有点像乌斯彭斯基（P. D. Ouspensky）的关于一个回到自己年轻时代的人发现自己被迫重复以前所犯的一切错误的一本怀旧小说《伊万・奥索金的奇怪生活》（*The Strange Life of Ivan Osokin*）。

William J. Kaufmann, *Relativity and Cosmology* (Harper and Row, New York, 1973).

本书的平装普及本是当代天文学家对发展宇宙学领域的理论和实验的讨论。它陈述了一些对我们的空间的一个命题的有趣的实验证据，这一命题说我们的空间弯曲成一个超球的超表面，并且这个空间最终将停止膨胀并收缩为一个奇点。该书还包括一个关于类星体不断产生的谜团的有趣讨论以及相对较新的黑洞方面的材料。

Henry P. Manning, editor, *The Fourth Dimension Simply Explained* (Dover Publications, New York, 1960).

该书最初出版于 1910 年，是取自于《科学美国人》（*Scientific*

American）的一些短文集，该杂志向最能通俗解释第四维的作者提供500 美元。

一般地说，沿着我在第一章中提到的那些脉络，在本书中可以找到大量的巧妙的类比和例证。曼宁（Manning）提供了一个十分容易理解的引言，并谨慎地指出一些短文作者做出错误论述的地方。

Charles W. Misner, Kip S. Thorne and John Archibald Wheeler, *Gravitation* (W. H. Freeman, San Francisco, 1973).

本书各方面分量都很重。它长达 1 200 页，描述了爱因斯坦的引力理论以及对这一理论的许多现代测试和应用。如果你要了解广义相对论、黑洞、宇宙论或者诸如此类的问题的内幕，那么这就是该去之处。

整体来说，《引力》是很前沿的，但是对于一般的读者，作者还是做了能做的一切。有几十个有趣的方框、图形和图表，可能在某种理解的程度上顺利通过本书的几乎任何章节。

最后两章特别有趣，因为作者在这里从事知识的边缘工作。倒数第二章“超空间：几何动力学的竞技场”（Superspace：Arena for the Dynamics of Geometry）呈现了真正的革命性思想，认为在任何时候都存在一个可能的宇宙的连续体。时空或者“历史的叶片”似乎出现在一族大概率的空间组合在一起形成一个时空时，所有其他的许多空间存在可能性较小，虽然不清楚哪些可能的时空（除了我们感知的）是“真实的”。

最后一章“超越时间的尽头（Beyond the End of Time）”所含的大部分内容属于惠勒的思想。我将环状时空作为隐含在本章标题中的问题的答案。在本章中有大量异乎寻常的思想，我们建议读者不妨阅读一下。

Robert A. Monroe, *Journeys out of the Body* (Anchor Press/Doubleday, Garden City, N. Y., 1973).

你才阅读4维空间，想自己去看看就疲倦了？这本书告诉你如何去那里。很遗憾，这也是一幅疯狂的蓝图。

门罗描述了一种诱导人们进入一种状态的十分有效的方法，在这种状态一个人能够感到自己离开身体穿过墙壁等物体。虽然他从未提及第4维，但是为了用超空间的语言解释观察到的现象，他描述的这种“灵体旅行”的想法是诱人的。

从根本上说这一技能是“从睡梦中醒来”。要一个人在白天打瞌睡时具有这样的体验是不寻常的：也就是说，虽然一个人的身体处于睡眠状态，但他是清醒的，有意识的。如果一个人开始寻求这种体验，这种体验就经常发生，于是灵体旅行就不远了。

我曾经研究这个问题有好几个月，但是最后不得不放弃，因为这些体验过于令人深度恐惧和不安。要完全有意识和清醒，并知道一个人在什么事情都可能发生的梦幻世界中，试图唤醒一个人的身体，却做不到——啊啊！确实，阅读这本书人们得到门罗最后吓得心脏病发作的这种印象。

但是，预先警告是有备无患的，也许有些勇敢的读者将能够对我们的灵魂在超空间中运动的古老理论作出一些事情。

P. D. Ouspensky, *Tertium Organum* (Random House, New York, 1970).

本书于1922年首次出版，现在复古平装本是可以搞到的。布拉格登（C. Bragdon）参与了原著的英译工作。乌斯彭斯基写了许多其他书籍。他的《宇宙新模式》（*A New Model of the Universe*）包含关于“第四维（The Fourth Dimension）”和“实验神秘主义（Experimental

Mysticism）”（显然是关于人麻）等一些有趣的篇章。在我看来，乌斯彭斯基的书《寻找奇迹》（*In Search of the Miraculous*）是对古德杰夫（G. I. Gurdjieff）的教诲的最有价值的描写。

《第三工具》（*Tertium Organum*）是关于第 4 维的，也谈到了从第 4 维的角度能想到的许多神秘的概念。例如，不同人种的成员可以看作是以更高维度相关联的，就像你的手指在 2 维世界的各个截面是你的三维的手的所有部分。可以认为蜗牛的意识是 1 维的，马的意识是 2 维的，神秘的目标是得到 4 维的意识。

乌斯彭斯基的逻辑偶尔有误，但是他的神秘的 4 维意识的基本概念，无论在永恒的意义上，还是在看见世界多样性的一个更高的统一的意义上，都是真实的。

Robert L. Reeves, *Space and the Fourth Dimension* (Crescent Publishers, Grand Rapids, Michigan, 1922).

作者在书中补充了对于一个炙热的问题的回答：“在什么情况下基督徒科学家所认为的来自艾迪（M. B. Eddy, 1821 – 1910，宗教领袖）的真理启示作出超越爱因斯坦的数学物理演绎这一断言是正当的？”

Hans Reichenbach, *The Philosophy of Space and Time* (Dover Publications, New York, 1957).

本书原于 1927 年以德文出版。赖兴巴赫具有强烈的想象力，致力于将非欧几何空间、第四维、时空和超球这样的事情“直观化”。

本书在《几何与现实》（*Geometry and Reality*）的写作中是十分有用的。我向赖兴巴赫致谢，因为我在第二章和第三章中的一些思想，在第六章中提到的循环时间模式（出现在赖兴巴赫的书的第 272 页）和利用环形得到由于一个圆的膨胀可以平滑地收缩回去的曲面都来自他。

本书的一个特别有趣的一节称为“空间的维数（The Number of Dimensions of Space）”。在这一节中赖兴巴赫试图用颜色作为第四维使 4 维世界直观化。也就是说，他要我们想象物体在 3 维世界中的互相穿越，它们的颜色（即 4 维位置）是否不同。在这一节中他也作出了基本粒子可能是很小的超球的猜测。

Wolfgang Rindler, *Essential Relativity* (Van Nostrand Reinhold Company, New York, 1969).

这一著作是一本大学教科书，是对狭义相对论、广义相对论和宇宙论的最适当的大致描述之一。作者最先从事对狭义相对论的悖论（杆子和仓库的悖论）的研究，他对这些问题的讨论的确鼓舞人心。

本书第一章是相当独立的，给了我们一个十分清醒的对马赫原理及其与广义相对论等效原理的关系的考察。

Paul Arthur Schilpp, *Albert Einstein: Philosopher-Scientist* (Harper and Row, New York, 1959; Open Court, Lasalle, Ill., 1973).

这主要由关于爱因斯坦工作的短文组成，也包括共有 45 页的爱因斯坦的科学理性的自传（开头部分）以及他对其中的一些短文的评述（结尾部分）。这些“批评性的评述”是最有趣的，因为包括爱因斯坦拒绝接受量子力学作为一个最终的物理理论的原因。

本书中最重要的短文之一是哥德尔的“关于相对论和唯心主义哲学之间的关系的评论”。这篇短文的目的是证明过去和未来静态地存在，时间并不真正消逝。哥德尔的第一个论点是，鉴于同时的相对性，不可能以任何独特的方法将时空细分成一堆堆“现在”，这表明假定世界实际上是由一系列与过去和未来不共存的“现在”组成是不现实的。然后哥德尔继续描述他发明的有趣的宇宙模型，其中“一个特定的观察者的局部时间……不能一起固定于一个世界时”。这之所以发生是因为哥德尔的宇宙（i）包含世界线出现在我们面前的各个个体是同时事件的一个模式，（ii）承认一个人旅行回到自己的过去各点的逻辑可能性。“因此，上述作出的对于变化的非客观性的推理无疑至少可用于这些世界中的一个。”我在第七章的问题3中曾经尝试过我自己关于这样的世界的一个例子。

Hermann Schubert, *Mathematical Essays and Recreations* (Open Court Publishing Co., Chicago, 1903).

这是一本短文集成的书的译本，最初出现于19世纪末。这里出版的短文名为“第四维（The Fourth Dimension）”。

“第四维”最初是对“策尔纳（Zöllner）及其支持者”的攻击，这些人一直声称灵魂生活在我们的空间所镶嵌的4维空间中。这篇短文包含关于超空间是否真实存在的一个有趣讨论，是与第四维有关的灵魂运动的丰富历史信息来源。

舒伯特用振奋人心的语气说了下面的话：“人类所达到现代的知识和文明的高度并不是不动脑子胡思乱想能够取得的，也不是到一个4维世界去逛逛就能够取得的，而是由艰苦而严谨的劳动和慢慢地不断地研究得到的。因此让所有讲科学的人们团结在一起，反对一个顽固的战线，他们的方法是用独立精神的干扰来解释对我们来说迄今还是神秘的每一件事。”

W. Whately Smith, *A Theory of the Mechanism of Survival: The Fourth Dimension and its Applications* (Dutton & Co., New York, 1920).

20 世纪上半叶标志着民众对 4 维空间的兴趣达到了顶峰。招魂说与 4 维灵魂一起风靡一时，爱因斯坦-闵可夫斯基对第 4 维的使用在公众心目中给出某种合法性。

史密斯的书用类比的方法包含了阿博特风格对第 4 维进行了一个极好描述。有趣的是，他要求 2 维生物环绕一个 2 维圆盘的 1 维边缘前后爬行，就像我们 3 维生物被迫在一个 3 维球的 2 维表面前后运动。他利用制作一堆取自 2 维世界的图片，作为更高的维度引进时间的概念。

在该书的第二部分，他细说了许多招魂实验（其中最引人入胜的是一个从明显濒死中复苏的人的记忆），试图将这些经历与第四维的概念联系起来。史密斯的想法是一个人的意识具有类似于熟知的 3 维的一个 4 维“载体”。但是，实施这个模式在任何程度上都比不上对有点超自然的第四维和招魂现象的观察更令人信服。

作为彻头彻尾的幻觉的一个例子，该书最值得记住的词语之一是史密斯描述一个人的案例，他进入卧室时发现“三只绿色的火鸡在打盹”。

Edwin F. Taylor and John A. Wheeler, *Spacetime Physics* (W. H. Freeman, San Francisco, 1963).

如果我的书使你想要学到更多的狭义相对论，那么这就是你要读的最好的书。此书最初是为了拓展一个新兴的物理学课程，不会很快被取代。本书柔和的风格以及大量的图表使阅读成为一种乐趣，90 页是练习的详尽解释，为的是鼓励读者开拓一种掌握材料的真正方法。还有漂亮的一章是关于爱因斯坦的引力理论。

Bob Toben, Jack Sarfatti and Fred Wolf, *Space-Time and Beyond* (E. P. Dutton & Co., New York, 1975).

托本（B. Toben）这本封面漂亮的书由大约120页的淘气插图和手写标语组成，后面是萨尔法蒂（J. Sarfatti）短小的“科学评论”。

一些的确有趣的章节（例如惠勒的量子泡沫，次原子黑洞和白洞，平行宇宙）在这里进行了讨论，但是作者也似乎决心要使读者相信心理现象的有效性。这些科学思想经常是援引多于解释，人们离开这本书时，只不过留下任何事情都会发生的印象。

Johann Carl Friederich Zöllner, *Transcendental Physics*.

这本奇怪的书是关于天文学家带着一个名叫斯拉德（Slade）的招魂媒介的探险。正如我在第一章中提到的，斯拉德对策尔纳说，他用多种方法与4维精灵接触。例如，他让4维精灵用一支粉笔在石板上写出密封在一个盒子中的一条信息。但是每当斯拉德面临一种特殊的挑战，总是没有成功，例如，将一块合成水晶转变为分子是原来那块的镜面对称的合成水晶。

但是策尔纳的热情如此高涨，这些重复失败似乎从未使他羞愧。即使斯拉德不能做到他被要求做的那样，他总是想点办法。例如，当要他回答如何将一个海螺转变为它的镜像时，斯拉德让它“穿过桌面”。

所有这一切也许让人想起盖勒（U. Geller）最近向某些感兴趣的科学家展示他的通灵能力。出于偶然，我是第一次在加德纳（M. Gardner）的有趣的书《灵巧的宇宙》（*The Ambidextrous Universe*）中听说策尔纳的。在加德纳的书中，人们也可以找到斯拉德最终失去可信度的描述的一些参考资料。

译后记

由于年轻时受到马克思关于“外国语是人生斗争的一种武器”的激励和影响，所以本人十分重视学习外语，花了不少时间，也买一些外文版的原著阅读。早在 1966 年春，我去上海图书馆阅读，看到一本波兰著名数学家谢尔品斯基的著作《方程的整数解漫谈》的俄文版，翻阅了一下很是喜欢。由于是孤本，不能外借，只能经常去阅读，但总感到不过瘾，又因当时的形势所迫，所以决定抓紧时间将这本书翻译成中文，翻译完毕后很是兴奋，有了点成就感。从此一发不可收拾，渐渐地翻译就成了自己的一项兴趣爱好，多年来一共翻译了几十本书。最近几年，已有十几本书正式出版（包括《方程的整数解漫谈》）。

几年前，我在国外旅游时逛了一家书店，各种外文书摆放在书架上，说是目不暇接、琳琅满目也毫不为过，可算是开眼界了。在科技一类图书中，放着一本名为 *GEOMETRY*，*RELATIVITY AND THE FOURTH DIMENSION* 的书，我眼睛一亮，从书名就看出该书所涉及的内容是几何、相对论和第四维，据当时的认知水平，感到此类图书在国内似乎十分罕见，于是毫不犹豫买了下来。阅读后对书中的内容颇有新鲜之感，收获满满，觉得有必要翻译成中文，并希望有机会出版，以飨更多的读者。

本书的作者是拉克（Rudolf v. B. Rucker）教授。他曾在纽约州立大学杰纳苏分校（the State University of New York in Geneseo）任教数学，不少学生和业外人士在与他讨论时都显得异常兴奋。

正如拉克教授所言，本书通俗地阐述了第四维和宇宙结构，具有很强的可读性。利用令人瞩目的图对我们称之为家的弯曲的时空进行了讨论，通过使用这 141 幅出色的图甚至取得强烈冲击的效果。这是对相对论的许多重要主题第一次做持续的视觉描述，迄今为止这些主题只是被单独地处理。

作者不断探索一个 3 维生物做客的 2 维世界，用第四维的术语解释我们的 3 维世界。随着这一探索进入第四维。

作者通过对欧几里得几何的五个公设详尽的分析和“改动”，得到非欧几何的一些更多的模式。引进了弯曲的“直线”（测地线）和“弯曲”的空间的概念（例如，平马鞍面），并对此进行详尽的研究，这也是本书的一个特色。

作者对弯曲的空间、作为更高维度的时间、狭义相对论、时间旅行，以及时空的形状也都做出了详尽的研究，体现出深刻的数学思想。本书对相对论做了简明的总结：狭义相对论的两个指导原则——相对性原理和光速不变原理；广义相对论将引力场物质等效成时空的弯曲。由此出发，呈现了在弯曲时空中会出现的各种与日常生活中不同的奇怪现象，也介绍了宇宙学的一些观点，宇宙膨胀理论的产生和发展。

作者通过一些人物（包括2维世界的生物）在各种空间中的奇遇，以及在宇宙论的介绍中，引人入胜的故事充分发挥了作者丰富而又飘逸的想象力，为本书的可读性和趣味性增色不少。

即使富有经验的数学家和物理学家也将会发现书中有大量的原始材料和出人意料的新事物。一般的读者如果对一些似乎是太纯粹数学的章节，或者有些地方即使没有看懂，可暂时跳过，先了解有这么回事即可，逐步理解。仍然按照论述的线索阅读。

作者也在书中多处介绍了哪怕是有争议的一些观点，即使错误的观点的出现也不足为奇，科学本身就是在不断尝试，不断纠错，对传统认知的批判中发展创新的。探索的过程不可能一帆风顺，只有经受不断的挫折才有希望成功。作者这样的安排也是值得称道的。

作者在本书的最后用较多的篇幅介绍注释书目，这一部分的内容对读者进一步学习是一个有价值的指导。

尽管本书是作者在近半个世纪前的1976年初完成的，但是通过对本书的翻译，译者还是大大地开阔了视野，收获颇丰，感到有机会翻译这样好的书花再多的时间和精力也是十分值得的。

在书末的注释书目中可以看到许多前辈学者对第四维、非欧几何、相对论和宇宙学各个领域的研究做出了不懈的努力，取得了硕大的成果，这更使我无比钦佩，在此对本书的作者和许多前辈学者表示崇高的敬意。

在近半个世纪来，科技的飞速发展已使人类步入新能源、互联网和人工智能的时代，世界面临着百年不遇的巨变，期待我国的科技水平和综合国力能屹立于世界民族之林，也期待国内涌现出许多优秀的科普作品。

拉克教授的这本著作的中文版问世了，译者十分欢迎读者对本书的不足和错误之处提出改进意见，并表示感谢。

最后，对上海科学技术出版社的领导和责任编辑表示衷心感谢，他们为本书的出版做了大量的工作。

译者

2023 年 6 月